à Monsieur Alexandre Espiès, hommage
De respect et de reconnaissance. L'auteur

CATALOGUE

RAISONNÉ

DES PLANTES INTRODUITES DANS LES COLONIES FRANÇAISES
DE BOURBON ET DE CAYENNE, ET DE CELLES RAPPORTÉES
VIVANTES DES MERS D'ASIE ET DE LA GUYANE, AU JARDIN
DU ROI A PARIS;

Par M. Samuel PERROTTET,

Membre résidant de la Société Linnéenne de Paris, Botaniste-
Cultivateur, Voyageur du Gouvernement français, etc.

PARIS,

DE L'IMPRIMERIE DE LEBEL, IMPRIMEUR DU ROI,

RUE D'ERFURTH, PRÈS L'ABBAYE.

1824.

*Extrait des Annales de la Société Linneenne,
année 1824.*

CATALOGUE RAISONNÉ

Des plantes introduites dans les colonies françaises de Bourbon et de Cayenne, et de celles rapportées vivantes des mers d'Asie et de la Guyane, au Jardin du Roi à Paris.

Les végétaux que je me propose d'indiquer dans ce catalogue sont le résultat d'un voyage que le gouvernement français voulut bien me charger de faire dans l'intérêt de l'horticulture et pour les progrès de la botanique. Ensuite de cet acte de bienveillance et d'une confiance dont je conserverai toujours le souvenir, je quittai le Jardin des plantes où, depuis deux années, j'étais employé comme botaniste-cultivateur. Le 9 octobre 1818, muni des instructions de mon illustre maître, M. le professeur André Thouin, auquel je suis redevable de toutes les connaissances que je puis avoir dans l'art de gouverner les plantes, je me rendis à Rochefort où j'arrivai le 14 du même mois, et d'où j'appareillai le 1er janvier 1819, faisant voile sur Cayenne. Je montais la gabarre *le Rhône*, commandée par M. le capitaine de vaisseau Philibert. Nous touchâmes Cayenne le 1er février; j'y déposai des arbres fruitiers et les graines qui m'avaient été confiées par M. Thouin; vingt-six jours après nous partîmes pour les mers d'Asie; le 10 avril nous relâchâmes à Praya, port de l'une des îles du Cap-Vert, et le 26 juin nous atteignîmes l'île Mascareigne (1), située à l'est de Madagascar, dans l'Océan éthiopique. Mon premier soin fut d'introduire dans le jardin de naturalisation les boutures des vanilliers, les plants et les graines de différens palmistes que j'apportais de Cayenne : les unes et les autres ont parfaitement réussi. Le 27 juillet je quittai Mascareigne pour gagner Java. Je débarquai le 13 septembre à Sourabaja, où je restai un mois occupé à recueillir tout ce que mes yeux découvraient d'utile et d'inconnu en Europe : mes récoltes furent très-abondantes. Le 15 octobre nous fîmes voile sur Manille ; chemin faisant nous mouillâmes à Samboangan, dans le détroit de Basilan, où je demeurai jusqu'au 2 décembre. Le 23 nous arrivâmes à Cavitte, ville de l'île de Manille, que j'explorai en tout sens, mais qu'il me fallut quitter trop tôt, le but de l'expédition de M. Philibert étant rempli. Ce but était de prendre des Chinois instruits dans les cultures exotiques pour les conduire dans les colonies françaises et y acclimater ce genre d'industrie. Nous prîmes trente-sept Chinois à Manille, dont un fut amené à Paris et y fut entretenu pendant deux ans aux frais du gouvernement.

De Manille nous revînmes à Mascareigne. Notre dé-

---

(1) Les savans et les géographes sont convenus depuis un demi-siècle, pour éviter les changemens que la politique amène trop souvent, de donner à l'île dite de *Bourbon* et de la *Réunion*, le nom de Mascarenhas qui le premier la découvrit ; c'est une justice tardive que tout voyageur est intéressé à rendre.

part eut lieu le 17 mars 1820, et notre arrivée le 6 mai suivant. Je déposai au jardin de naturalisation de cette colonie soixante-quatorze genres de plantes diverses, en deux cent seize individus vivans, plus une caisse de graines de *Sagus gomutus* en germination, et soixante-dix-sept sachets graines recueillies à Java, Mindanao et dans les Philippines. J'ai, depuis mon retour en France, appris que les individus et les semis de mes plantes étaient tous en un état prospère.

Le 1er juin nous quittâmes Mascareigne pour gagner Madagascar, où nous descendîmes le 6 du même mois, et de là retourner à Cayenne, où nous arrivâmes le 10 août 1820. Je remis au jardin de naturalisation de cette colonie plus de soixante-seize genres peu ou point connus, en cent trente-quatre individus vivans, une caisse de graines en germination du *Sagus gomutus,* une autre de mandariniers, et cent dix sachets graines appartenant la plupart à des genres nouveaux et inconnus. Le 1er juin 1821 je m'embarquai sur la gabarre *la Durance,* qui avait fait partie de notre expédition dans les mers du Sud, et je revis le sol de la France le 18 juillet suivant. J'entrai dans le port du Havre, et j'arrivai à Paris le 1er août, après une absence de trente-quatre mois, ramenant quatre-vingt-cinq caisses de diverses dimensions, lesquelles renfermaient cent cinquante-huit espèces de végétaux vivans, de 16 décimètres (6 pouces) à 2 mètres (6 pieds) d'élévation, et formant un total de cinq cent trente-quatre individus; plus, deux caisses graines de différens palmistes et autres stratifiées dans de la terre et en pleine végétation; trois cents sachets graines de toute espèce provenant de l'intérieur de la Guyane et des environs de Cayenne; sept caisses de plantes sèches, bois et fruits; vingt-six bocaux en verre contenant des fruits des diverses contrées que je venais de parcourir et quelques reptiles; une caisse de minéraux des îles Philippines, deux oiseaux rares des mêmes îles (1), un pain de résine (2), plusieurs animaux vivans de la Guyane, savoir : quatre perroquets, une perruche, un gymnote électrique , vulgairement appelé *Anguille tremblante;* un coaïta , *Simia paniscus* L. ; le hocco noir à ventre blanc, deux agamis; enfin cinq plants de l'ananas maï-pouri, très-grosse espèce déposée au jardin des primeurs à Versailles (3).

Je ne parlerai point de mes nombreuses excursions dans les contrées que j'ai parcourues pour y découvrir tout ce qui pouvait intéresser les savans et enrichir les précieuses collections du Muséum d'histoire naturelle de Paris; je ne dirai pas les soins qu'il m'a fallu prendre pour conserver vivans les végétaux que je devais promener pendant plus de vingt-deux mois sur mer, et sous des latitudes si différentes (4); ni les recherches

---

(1) Je les ai rapportés empaillés; l'un est une espèce de *Calao* et l'autre un épervier des Philippines.

(2) Voyez à ce sujet le premier volume des Mémoires de la Société Linnéenne, p. 58 et 59.

(3) De Manille j'expédiai au Jardin des plantes trois cent soixante-dix sachets de graines; de Mascareigne, sept grandes caisses de plantes en nature, et enfin de Cayenne, une autre également de plantes vivantes, dont M. le professeur Thouin m'a annoncé la réception par sa lettre du 15 novembre 1820.

(4) J'ai publié sur cet objet un Mémoire dans le premier volume de la Société, p. 541 à 547.

(5)

auxquelles je me suis livré sur les pratiques agricoles
des Indiens (1); je ne ferai pas mention des pertes
considérables en plantes que j'ai essuyées à bord de
la Durance, pendant mon séjour sur les côtes des
Indes orientales, ni des tracasseries de toutes les sortes
que j'ai dû supporter à bord du *Rhône*, où j'étais pour
ainsi dire obligé de disputer chaque jour la place qui
m'était nécessaire, et de me soumettre aux caprices
d'hommes absolument étrangers aux études et aux
opérations qui font les délices de ma vie; mais je ne
puis taire l'honorable témoignage que m'a donné, le
15 août 1821, M. le professeur ANDRÉ THOUIN : « J'af-
» firme, dit-il, qu'à ma connaissance il n'est point
» arrivé en Europe, depuis le commencement de ce
» siècle, une collection végétale aussi nombreuse en
» familles, en genres et en espèces rares, et surtout en
» individus de végétaux vivans, et qui soit plus sus-
» ceptible d'enrichir un jardin de botanique, que celle
» que M. PERROTTET vient d'introduire en France. »
L'administration entière du Muséum d'histoire naturelle m'a donné également les plus honorables attes-
tations les 17 et 21 août dans les lettres qu'elle a
adressées aux ministres de l'intérieur et de la marine
sur les résultats de ma mission.

C'est donc pour justifier ces nobles encouragemens
que je crois devoir mettre sous les yeux des amateurs
de la botanique et de l'horticulture le tableau de toutes
les plantes que j'ai rapportées. J'indiquerai l'emploi

(1) Voyez ce que j'ai publié a ce sujet tom. 1er des Actes de la
Société, p. 548 à 554.

que l'on en fait dans leur pays et le terrain qui leur est propre; j'y joindrai les noms indigènes qu'ils portent, afin que ceux qui visiteront les mêmes contrées que moi puissent tirer un plus grand profit du séjour qu'ils seront dans le cas d'y faire. Je m'étendrai fort peu sur toutes les espèces nouvelles, voulant les étudier attentivement et revenir sur chacune d'elles en particulier : je ne fais donc que les indiquer, afin de prendre date.

Mes plantes (qu'il me soit permis d'employer cette expression) se trouvent pour la plupart renfermées dans une serre chaude, construite à la fin de l'été de 1821, à laquelle plusieurs botanistes nationaux et étrangers ont la bonté d'imposer mon nom, comme ils donnent celui de Riedlé à la serre qui contient les plantes vivantes que recueillit à Porto-Rico, à Saint-Thomas, dans la Nouvelle-Hollande, ce voyageur, mort victime des persécutions que le capitaine Baudin fit endurer à tous les naturalistes qui composaient la célèbre expédition aux terres Australes.

J'appellerai de *première grandeur* les arbres qui s'élèvent au-dessus de 32 mètres (100 pieds); de *seconde grandeur*, ceux qui vont de 19 à 30 mètres (60 à 100 pieds), et dont la moyenne est de 26 mètres (60 pieds); de *troisième grandeur*, ceux qui montent de 10 à 20 mètres (30 à 60 pieds), dont la moyenne est de 14 mètres et demi (45 pieds); enfin de *quatrième grandeur*, ceux qui atteignent de 6 mètres et demi à 10 mètres (20 à 30 pieds), et qui sont de grands arbrisseaux.

Par le mot *graines* je désignerai les végétaux que je

n'ai point recueillis vivans, et je terminerai chacun des articles par les lettres C, M, P, selon que les plantes existeront, de mon fait, à Cayenne, à Mascareigne ou au Jardin des plantes de Paris ; les articles qui ne présenteront point l'une de ces lettres se trouvent aux trois endroits.

Enfin, les espèces qu'il ne m'a pas été possible de déterminer, n'ayant ou point vu les fleurs et les fruits, ou les ayant reçus par voie indirecte, je les rapporte sous le nom qu'on leur donne dans le pays. Ces indications sont en elles-mêmes de peu de valeur ; cependant elles pourront servir à d'autres. Il est plusieurs genres ou espèces auxquels je n'ai pas même pu ajouter les noms vulgaires ; leur nombre est d'environ une centaine : on ne pourra les déterminer que lorsqu'ils auront fleuri.

ACACIA *pannacoco* Aub. de la Guyane. P. Et une autre espèce dite *Corail végétal,* du même pays. P.

ACHRAS *sapota* L. Nouvelle variété de Manille. M.

A. *tchicomame* Perr. Espèce nouvelle de Manille à laquelle je donne le nom qu'elle porte dans le pays. L'arbre est plus élevé que le sapotillier ordinaire ; ses feuilles sont plus longues et plus larges, d'un vert foncé très-luisant. Le fruit est trois fois plus gros, recouvert d'une peau rude, écailleuse, gris-cendré, et a la forme d'un cône de cèdre du Liban. Sa chair est jaunâtre, d'un goût exquis. On le cultive dans tous les jardins. M. C.

Aclé des Indiens de Manille. Arbre de seconde grandeur appartenant à la belle famille des légumineuses. Son bois passe dans le pays pour être incor

ruptible : on l'emploie aux constructions civiles et navales, et les ébénistes en font des meubles de prix.
L'aclé ne se voit que dans les régions élevées des Philippines et dans les forêts voisines des montagnes. Je
n'ai pu l'observer assez pour en tracer les caractères
botaniques; j'en ai recueilli des graines fraîches que
j'ai portées et semées au jardin des plantes de Mascareigne où elles ont prospéré et d'où l'on pourra en
tirer des individus. Le terrain dans lequel j'ai vu cet
arbre m'a paru de bonne nature, consistant, sans être
argileux. (*Graines.*)

ADANSONIA *digitata* L. Ce géant de la végétation,
connu sous le nom de *Baobab du Sénégal,* vient très-
bien dans les serres chaudes du Jardin des plantes.
Je l'ai rapporté venu de graines semées à Cayenne;
il a dans ce moment 2 mètres un quart (7 pieds) de
haut, et montre la plus grande vigueur. P.

ÆSCHINOMENE *grandiflora* L., le *Touri* des Javanais, l'*Agati nélite* des Créoles. — Les fleurs de cet
arbrisseau se mangent crues ou cuites, et le plus souvent en salade; séchées à l'ombre elles sont employées
en guise de thé par les Malais, habitans les îles de
Java. Ses légumes sont petits, très-comprimés et de
la grosseur d'un moyen haricot; les indigènes les font
cuire avec du poisson salé, lorsqu'ils sont encore tendres. On retire du tronc un suc résineux que les Chinois, particulièrement ceux de Sourabaja, emploient
sans aucun apprêt comme vernis. Le touri, dont je connais deux variétés, l'une à fleurs blanches, et l'autre à
fleurs d'un beau rose, n'est pas seulement cultivé
comme plante utile, mais il l'est encore comme plante

(9)

d'ornement. Les terres légères et fraîches lui conviennent de préférence à tout autre. (*Graines.*) C. M.

AGAVE *bantan* PERR. Je donne à cette espèce d'a-
gave le nom que les Javanais lui donnent, *Nanas bantan;* ils font avec ses feuilles un fil propre à la fabrication des toiles et des cordages. C. M.

ALEURITES *triloba.* Ce grand arbre, que les Javanais appellent *Kamiri,* donne une noix à coque très-
dure; son amande, bonne à manger, cause de violentes
coliques; l'on en retire une huile excellente. M. C.

AMOMUM *zingiber* L. Deux variétés, dont l'une a
les racines blanches. M.

ANGRON. Arbre de moyenne grandeur, dont le bois
est blanc et tendre. Les Malais l'emploient, sous les
ordres des Européens, à la manipulation de la poudre
à tirer. (*Graines.*) C. M.

ANNONA MURICATA. Ce corossolier est un arbre de
quatrième grandeur, dont le fruit, très-gros, est hérissé
d'aspérités et très-parfumé; on le mange avec délices.
On le cultive à Cayenne dans les terres légères voisines
des habitations. M. P.

J'ai rapporté de Cayenne l'espèce connue des botanistes sous la dénomination de *Cherimolia,* et de
Java une espèce nouvelle, que les naturels appellent
Merak merakkan, dont les feuilles sont petites, étroites, et les fleurs d'un beau jaune, très-odorantes. Les
Indiens de Manille, qui la nomment *Quenon-on,* et les
Malais, *Ilan-guillan,* recueillent ses fleurs pour les
tresser en couronnes et en orner le front de leurs
femmes. (*Graines.*) M.

ARBOL A BREA des Indiens. — Arbre de première

grandeur, originaire des Philippines, qui me paraît faire partie des térébintacées. Le tronc est couvert de protubérances, et d'une écorce épaisse, inégale, crevassée et d'une couleur cendrée. Les feuilles sont alternes, à surface ondulée, pennées avec impaires, à folioles souvent opposées, à nervures saillantes, pourprées et pubescentes. Le pétiole commun est renflé à la base, armé près de son insertion de deux crochets ou stipules; la chute de ces longs pétioles laisse sur le tronc et les branches des cavités qui leur donnent un aspect raboteux et une surface inégale. (*Voyez*, pour ce qui regarde la résine que l'on obtient de cet arbre, le premier volume des *Mémoires de la Société Linnéenne*, p. 88 et 89.) J'ai remis quatre beaux individus au jardin de Mascareigne, trois à Cayenne et trois au Jardin des plantes de Paris.

ARECA *catechu* L. Ce palmier, appelé *Toetiang-pinang* par quelques Malais, *Djambe* et *Indelstin* par d'autres, *Bonga* dans les îles Philippines et à Java, s'élève rarement à 6 mètres et demi (20 pieds); ses feuilles sont ailées, droites, d'un vert foncé. Le pétiole commun, auquel les folioles sont attachées, est de grandeur moyenne et d'une grosseur proportionnée. Au fur et à mesure que les feuilles tombent, elles laissent sur le stype des impressions annulaires très-saillantes, qui donnent à cet arec un aspect remarquable. A la base du chou naît une, deux et quelquefois trois spathes univalves et pointues au sommet, qui, à l'époque de la floraison, laissent paraître un régime ou panicule ramifiée de 32 à 48 centimètres (1 pied à 18 pouces) de long, chargée de petites fleurs blanches qui tombent aussitôt leur épanouissement, et sont remplacées , pour ainsi dire, subitement par des fruits de la grosseur d'un œuf de poule, colorés d'un beau jaune orange et de forme ovoïde. L'enveloppe florale n'est point caduque, elle accompagne généralement les fruits jusqu'à parfaite maturité, et ne tombe d'ordinaire qu'avec le régime, proprement dit, auquel elle a servi d'appui.

L'arec catechu est d'autant plus intéressant qu'il est toute l'année couvert de fruits verts et jaunes, dont l'amande, vulgairement appelée *noix d'arec*, sert aux naturels du pays pour la teinture de divers objets et à préparer leur bétel. Cette amande , parsemée de veines rougeâtres, est cachée sous une enveloppe filandreuse, très-épaisse, qui la met à l'abri du contact de l'air; sa forme est parfaitement conique, et sa consistance assez dure. Les Européens font des brosses à dents avec l'enveloppe.

Ce palmier fructifie très-jeune; j'en ai vu à Java qui avaient à peine 3 mètres de haut, déjà tout couverts de fleurs et de fruits. C'est un ornement pour les jardins et pour les routes. Une terre légère, mais substantielle, plutôt sèche que trop humide, est celle qui lui convient pour prospérer. C. M.

A. *faufel*, arbre dont les fruits sont un objet de commerce dans l'Inde. (*Graines.*) C. M.

A. *oleracea* cultivé à la Guyane. P. — l'*alba* et le *rubra* originaires de Mascareigne. C. P.

ARISTOLOCHIA. Espèce nouvelle de Java. M.

AROUMA *guianensis* Aub. Avec les branches de ce bel arbre les Nègres préparent leur crocrou et leur pagara.

ARTOCARPUS. J'ai lu un mémoire sur ce genre intéressant, dont la Société a ordonné l'impression. *Voyez* le Compte rendu de 1822, par M. THIÉBAUT DE BERNEAUD, pag. 45 et 46. J'observerai seulement que les rejetons de l'arbre à pain sauvage (A. *incisa*) que j'ai rapportés de Cayenne sont ceux d'un individu que le Jardin des plantes de Paris avait envoyé dans cette colonie en 1797, et dont la multiplication est due aux soins de M. MARTIN.

Les Javanais donnent le nom de *Sokoer* à l'*Artocarpus incisa apyrena;* celui de *Nanka* à l'A. *jaca*, et emploient son écorce pour la teinture ; celui de *Docrian* à une espèce qui se rapproche de la précédente, mais dont le fruit est aigre et fade; celui de *Klouwé* et d'*Emboel* à une espèce qui m'est inconnue et qui contient une amande amère; enfin celui de *Rima* au véritable arbre à pain.

ARUM. — J'ai rapporté trois espèces de ce genre, une dite *cordifolium*, provenant de Mascareigne, l'*arborescens*, que les indigènes de la Guyane appellent *Moucou moucou*, dont les graines ressemblent à celles de l'*Artocarpus seminifera*, et servent à la nourriture des naturels du pays, et deux espèces nouvelles qui végètent très-bien en ce moment au Jardin des plantes : l'une est de Cayenne, l'autre des Philippines.

ARUNDO. L'espèce dite *Roseau à flèches* des naturels de la Guyane. P.

AUGIA *sinensis. Voyez* le Compte rendu des travaux de la Société pour l'année 1822, pag. 74 et 5. M.

AVERRHOA *acida* H. P., ou *Cerisier de l'Inde;* arbrisseau muni de feuilles alternes, pennées, à folioles nombreuses également alternes, presque sessiles, ovales, petites et d'un très-beau vert. Les branches et les rameaux, d'un vert glauque, sont couverts de petites cavités dues à la chute des feuilles. Fleurs légèrement pédonculées, d'un rose pâle, distribuées par bouquets sur le tronc et les rameaux. Fruits petits, de 27 millimètres (1 pouce) environ de longueur et de la grosseur d'un petit cornichon : ce fruit est cannelé, transparent quand il est parfaitement mûr, ne peut être mangé cru; on le recherche pour les confitures auxquelles il imprime un goût acide très-agréable. Cette espèce de carambolier aime les terres légères, sablonneuses, plutôt sèches qu'humides, et préfère les lieux un peu ombragés. C'est dans ces derniers terrains que je l'ai vu prospérer à Java.

A. *bilimbi.* de Java. — Et une espèce nouvelle également de Java. M.

A. *minima* PERR. Espèce nouvelle venue de la Chine, qui s'élève à 1 mètre (3 pieds) au plus. M.

BAMBUSA *arundinacea* WILD. J'ai rapporté des Philippines et de Java plusieurs espèces et variétés de bambous que j'ai déposées au jardin de botanique et de naturalisation de Mascareigne. Je les désigne sous leurs noms malais : 1° *bamboui apous* dont on mange les feuilles; 2° le *dejava;* 3° le *panden,* très-belle espèce; 4° le *ouri,* qui est très-épineux et dont les feuilles sont fort étroites; 5° le *godin;* sa tige est d'un beau jaune, à nœuds blancs et formant des anneaux très-prononcés : on en fait de belles cannes à Java;

6° et le *pringadani* qui est très-petit, garni de feuilles étroites, et cultivé sur le bord des étangs.

Banava des indigènes des îles Philippines est un arbre d'une très-grande élévation et dont le port rapproche des tulipiers. Son bois, fort dur, incorruptible, est employé aux constructions navales et aux monumens publics. Le banava croît naturellement dans les lieux secs et élevés. (*Graines.*) C. M.

BARLERIA *prionitis*. Cette belle espèce était déjà dans les herbiers, mais elle n'avait jamais été rapportée vivante en Europe. Sa hauteur moyenne est d'un mètre (3 pieds) environ; elle forme une sorte d'arbuste semi-ligneux sur les lisières des bois et des chemins de l'île de Java, sa patrie, où elle croît abondamment. L'espèce que l'on possédait au Jardin des plantes, sous le nom de B. *prionitis*, était mal nommée; elle n'a d'autre rapport avec la mienne que d'appartenir au même genre; le véritable B. *prionitis* est couvert d'épines sur toutes ses parties, tandis que l'autre en est absolument dépourvu.

BAUHINIA *inermis* Perr. Espèce nouvelle des montagnes des Philippines. M. (*Graines.*)

Bendo. Grand arbre de l'Archipel indien, à fruit assez gros et bon à manger; on extrait de l'écorce des fibres que l'on convertit en fil très-estimé. Le bois, qui est d'un grain fin, fort dur, est employé dans les constructions. (*Graines.*) C. M.

BESLERIA *cristata* et *coccinea* de la Guyane. P.

BIGNONIA *incarnata, purpurea,* et l'espèce appelée dans la Guyane *Fausse vanille.* P.

B. *fraxinoides* Perr. Espèce nouvelle de Java,

dont le port est celui de notre frêne commun. Il croît dans les lieux marécageux, aux environs de Sourabaja. M. C.

Boadja, plante javanaise de la famille des malvacées, dont la fleur fournit un extrait très-estimé pour les maux d'yeux. (*Graines.*) C. M.

BOMBAX. Plusieurs espèces non décrites provenant de Java. (*Graines.*)

BROMELIA *pigna*. Perr. J'adopte le nom de *Pigna* que les naturels de Manille donnent à cette espèce d'ananas nouvelle pour les botanistes. Elle pousse d'énormes touffes longues et flexibles. On la cultive avec un soin tout particulier, non pour ses fruits qui sont excellens, mais pour ses feuilles qui fournissent une filasse très-tenace dont on prépare de la toile et des étoffes d'une grande finesse. Les Européens recherchent et paient fort cher ces beaux tissus, qui prennent toutes les couleurs qu'on veut leur imprimer. C'est pour les femmes du pays un ornement de rigueur, elles en font des corsets et surtout une sorte de tabliers qu'elles nomment *calimbés*. La filasse du pigna est également employée à la fabrication de toutes sortes de cordonnets et autres ligatures. La plante vient très-bien dans les terres sablonneuses, sa culture n'est point difficile. C. M.

B. *maï-pouri* Perr. Cette nouvelle espèce d'ananas provient de Cayenne; cinq plants ont été, comme je l'ai dit, déposés au jardin des primeurs à Versailles. Le maï-pouri n'a point les feuilles armées de dents comme ses congénères; ses fruits, d'un manger fort délicat, pèsent d'ordinaire 10 kilogrammes (20 livres), et sont très-beaux. M.

BROUSSONNETIA *papyrifera,* que les Malais appellent *Glugo.* (*Graines.*)

BUTONICA *speciosa* R. Cet arbre, originaire de Mindanao, et que l'on nomme vulgairement *Bonnet carré,* est un des plus beaux arbres connus; il est remarquable par son port, la grandeur de ses fleurs, par ses fruits quadrangulaires, qui lui ont fait donner le nom vulgaire qu'il porte, et par ses grandes et belles feuilles luisantes, à nervures pourprées. Il s'élève de 10 à 13 mètres (30 à 40 pieds), pousse beaucoup de branches horizontales. Son écorce est épaisse, charnue, d'un blanc gris foncé, assez unie. Il couvre plusieurs petites îles à l'embouchure du détroit de Basilan; les bords sablonneux de la mer lui plaisent beaucoup, aussi en voit-on des tiges nombreuses sur les plages de Madagascar, où elles résistent aux lames de l'Océan qui viennent se briser à leurs pieds.

Le fruit de ce *Butonica* renferme une amande que l'on divise par tranches et que l'on jette dans l'eau pour enivrer le poisson au moment où l'on veut en faire la pêche. Cette pêche est facile. Le poisson montant à la surface de l'eau est ramassé au moyen d'un filet fixé au bout d'une longue baguette de bois bifurquée. — On retire encore de l'amande une huile bonne à brûler, et même à laquelle on attribue quelque propriété médicinale.

CACTUS. Espèce nouvelle que j'ai recueillie sur les rochers de Montabo près de Cayenne. P.

CÆSALPINA *lævigata* Perr. Originaire des plages

marécageuses des îles Philippines, où elle porte des panicules, longues de 40 à 48 centimètres (15 à 18 pouces), chargées de fleurs jaunes d'une grande beauté ; cette espèce nouvelle se distingue de ses congénères par ses feuilles ovales, coriaces et luisantes.

CÆSALPINIA *sappan* L. de Mindanao, l'une des Philippines. Cet arbrisseau est cultivé avec beaucoup de soin dans les environs de Manille et dans l'île de Java, où son bois, d'un rose jaunâtre, est employé à la teinture. Le *Sappan* habite les lieux élevés ; son tronc, ses tiges et ses feuilles sont couverts d'épines ; il sert à faire des haies de défense. C. M.

CALAMUS *rotang* L., nommé par les Malais *Rocloé*. Ce palmier lance sa tige jusqu'à 50 et 65 mètres (150 et 200 pieds), sur 27 millimètres (1 pouce) de diamètre. Ses fruits sont écailleux, de la grosseur d'une cerise et parfaitement sphériques. Les écailles se recouvrent mutuellement ; le drupe est indéhiscent, à une loge ; il contient un noyau, dur, cartilagineux. Les feuilles sont pennées, engaînantes, terminées au sommet par un long filet ou vrille armée de crochets opposés, très-aigus, recourbés en dehors, qui se fixent aux arbres voisins et soutiennent les tiges longues et flexibles du *Rotang*, qui dépassent en hauteur les plus grands arbres des forêts. Les Malais et les habitans des îles Philippines emploient ces tiges pour faire des cables et des cordes qui durent fort long-temps et servent à traîner les plus lourds fardeaux. On en fait encore usage pour va-et-vient sur les rivières où l'on a établi des ponts volans, des radeaux ; elles résistent pendant plusieurs années à un frottement continuel et aux intempéries des saisons.

Cette précieuse monocotylédone se trouve communément dans les forêts de Java et des Philippines, où elle abonde. On la multiplie facilement de graines mises en terre immédiatement après leur maturité : passé cette époque, elles perdent leur faculté germinative.

J'ai encore rapporté de ces contrées quatre autres espèces de calamus, l'une appelée *Sépat*, dont la tige très-souple sert à faire des liens d'une durée moins longue que ceux obtenus du rocloé; l'autre, dite *Palassant;* la troisième, *Beyoco*, et la quatrième, *Mamougom*.

A la Guyane, j'ai trouvé l'espèce dite *petit Ouara*, et une autre non décrite, que j'ai comprise dans le nombre des individus déposés au Jardin des plantes.

CARAPA *guianensis* AUBL. Grand arbre de seconde grandeur, d'un beau port, qui croît très-vite et acquiert en très-peu de temps un volume remarquable. Son bois n'est pas très-dur, mais d'une belle couleur rouge, très-liant et solide. Il ne pèse que 21 kilogrammes et demi (44 livres) par 3 centimètres cubes. On l'emploie comme bois de charpente et pour planches : on en fait aussi des meubles qui durent fort long-temps, et même des mâtures et des bordages de canots. Les feuilles sont alternes, pennées avec impaires; le fruit est un gros drupe qui contient cinq grosses graines aplaties du côté de leur point d'union et convexes à l'extérieur; parfois elles offrent une forme presque triangulaire. L'amande qu'elles renferment est avidement recherchée par les porcs et généralement par tous les rongeurs : elle donne à la chair de ces derniers un goût très-amer, mais elle ne paraît pas influer sur celle des pourceaux. On retire encore de cette amande une huile très-belle, bonne à brûler, et employée avec succès, à cause de son amertume, pour éloigner les insectes dont la Guyane est infestée. Les indigènes se frottent le corps de cette huile, à laquelle ils mêlent du rocou, pour se préserver de la piqûre des moustiques et des maringouins. Le carapa se plaît dans les lieux frais et humides ; il se multiplie facilement de graines qui germent huit à dix jours après être mises en terre. M. P.

CARYOPHYLLUS *aromaticus.* Véritable giroflier cultivé à la Guyane. C'est un arbre de seconde grandeur qui prend naturellement une forme pyramidale, et s'accommode de tous les terrains, même ceux dont la terre est forte, argileuse, et des vases marécageuses ; mais il y perd de sa vigueur, ses fruits y acquièrent moins de volume et ils sont d'une qualité inférieure. Dans les terres sèches et élevées, il devient superbe ; dans les terres basses il produit plus, ne manque jamais et vit très-peu. P.

CARYOTA *urens.* Espèce de palmier extrêmement rare, que l'on nomme *faux Sagoutier* de l'Inde. Ses feuilles pennées ont des folioles triangulaires, découpées à leur bord. Un des quatre individus que j'ai introduits au Jardin des plantes a fleuri en 1823. Il a aujourd'hui 4 mètres (12 pieds) de haut.

CASSIA *alata* L. Cet arbrisseau est connu des Indiens sous le nom de *Capoulkeau,* et par les Javanais sous celui de *Catapin*. Ses feuilles alternes et pennées, ses folioles très-rapprochées les unes des autres, presque opposées, larges et ovales ; les fleurs qui naissent sur une panicule terminale, et sont grandes, d'un beau jaune safran, rapprochées sur l'axe en épi serré, lui donnent l'aspect le plus brillant. Le fruit est un légume de 10 à 16 centimètres (4 à 6 pouces) de long, à deux valves armées d'une membrane ailée ; les graines sont petites, triangulaires et très-nombreuses. Les Malais et les naturels font usage des feuilles de cette belle légumineuse dans les maladies de la peau. Ils les pilent et en font une pâte liquide, en y mêlant un peu de poudre à tirer, ou du noir de fumée et quelques gouttes de vinaigre. On m'a assuré que l'effet était plus prompt, plus efficace, lorsqu'on mettait les feuilles bouillir avec ces mêmes ingrédiens.

Le *Cassia alata* se trouve abondamment dans les lieux bas et humides de Samboangan, de Java et de Manille. Il se plaît à toutes les expositions, même dans les plus chaudes. (*Graines.*)

CASTANEA *sinensis* Perr. Espèce nouvelle provenant de la Chine, et que j'ai obtenue à Manille. M.

CASUARINA. L'espèce que l'on cultive dans les jardins à Java comme plante d'ornement, et que les Malais appellent *Tiamoro*. M.

CAVANILLA *philippensis* Lamk. Ce bel arbre, de quatrième grandeur, est appelé *Mabolo* par les insulaires des Philippines ; son aspect est majestueux ; il est garni de grandes feuilles couvertes d'un duvet argenté en dessous ; son tronc est droit ; ses fruits, qui se rapprochent beaucoup de l'abricot-pêche, sont d'un beau jaune orangé, d'un parfum agréable, et contiennent de trois à quatre graines aplaties qui perdent en fort peu de temps leur propriété germinative. On le cultive dans tous les jardins, et ses fruits figurent sur toutes les tables. Il est d'une culture facile, puisque tous les sols lui conviennent; il aime à être abrité par des manguiers, par des haies ou des groupes de bambous.

CECROPIA *peltata*, et une espèce non décrite que les naturels de la Guyane appellent *Bois canon grand bois*. P.

Cèdre noir de la Guyane (le) est un des plus grands arbres forestiers de cette vaste contrée, mais il n'est pas connu des botanistes. Il fournit un bois très-solide que l'on emploie avec avantage dans les constructions. P.

CELTIS *mascarinensis* Perr. Espèce nouvelle que j'ai trouvée dans les lieux secs et arides de l'île de Mascareigne. C. P.

CHILIOPERA. Espèce non décrite de la Guyane. P.

CHRYSOPHYLLUM *philippense* Perr. Espèce nouvelle de caimitier indigène aux forêts montagneuses des îles Philippines. Cet arbre de première grandeur, remarquable par son beau port, son tronc très-gros, ses feuilles larges, d'un vert gai en dessus et d'un jaune doré brillant en dessous, sont alternes, elliptiques et assez épaisses. Je n'en connais point la fleur. Son fruit, de la grosseur d'une de nos poires dites rousselettes, est bon à manger; je lui ai trouvé un goût très-agréable. Le bois de ce caimitier est dur, d'un grain très-fin, susceptible de recevoir un beau poli; aussi est-il recherché pour les meubles de prix. Il n'est point sujet à la vermoulure.

CISSUS *lucida* Perr. Espèce nouvelle que j'ai trouvée à Java.

CITRUS. Petit citronnier non décrit provenant de la Chine, que j'ai obtenu à Manille. M.

C. *aurantium mandarinum* Perr. *Mandarinier* cultivé de Manille. Cet arbre, de quatrième grandeur, a le port et l'aspect du *Citrus medica* L. Son fruit, presque aussi gros que l'orange ordinaire, est aplati par les deux extrémités; sa pulpe, très-délicate, se divise d'elle-même du moment que l'on enlève l'écorce fine qui la contient. A Manille on préfère le mandarinier à toutes les autres espèces d'orangers, aussi le trouve-t on dans tous les jardins.

CLERODENDRUM *paniculatum* Perr. Espèce nouvelle connue des Malais sous le nom de *Cadeparida*. Il abonde sur les plages de Samboangan; sa panicule, longue de 48 centimètres (18 pouces) environ, se couvre de très-belles fleurs d'un rouge éclatant. C. M.

CLITORIA *philippensis* Perr. Superbe espèce, originaire de Manille, et couverte de grandes fleurs d'un bleu foncé.

CLUSIA *parviflora,* et une autre espèce non décrite, provenant toutes deux de la Guyane. P.

COCOS *nucifera,* de Mindanao.

COFFEA L. J'ai rapporté de Mascareigne une nouvelle variété de cet arbrisseau; ses graines ont une forme plus ronde et plus petite que celle du caféier ordinaire, mais d'une qualité bien supérieure à ce dernier. On la nomme *Café Leroi*. Elle provenait du jardin de botanique de Calcutta.

COUBLANDIA *frutescens* Aub. Originaire des plages marécageuses de la Guyane. P.

COUROUPITA *guianensis*. Grand arbre, de première grandeur, qui est durant toute l'année couvert de fleurs et de fruits. Ses fleurs sont belles et odorantes, et d'un rose un peu foncé; ses fruits ont la grosseur et la forme d'un boulet de canon, c'est ce qui a fait donner à l'arbre ce nom vulgaire. P.

COUTAREA *speciosa* Aub. P.

CRATÆVA *marmelos,* le *Tangolou* des Javanais. Arbre de quatrième grandeur, de la famille des capriers, tout couvert d'épines, et portant un fruit semblable au citron, dont on obtient une résine blanchâtre, propre à vernir les meubles et autres ustensiles. Cette résine m'a paru caustique; du moins pour en avoir mis un petit morceau dans ma bouche, j'ai eu à souffrir pendant près de quinze jours des douleurs cuisantes. Les rameaux du tangolou sont munis d'épines foliacées, dont le développement ne se fait qu'imparfaitement. Les feuilles sont alternes, pennées avec impaires. Le fruit exhale, à l'époque de sa maturité, une forte odeur de melon; il renferme une grande quantité de semences qui ont la forme de celles des orangers. L'arbre se trouve très-communément à Java, même dans les terrains les plus arides. — J'en ai rapporté une espèce nouvelle, sans épines, au Jardin des plantes, où elle vient fort bien.

J'ai tiré de Madagascar une autre espèce nouvelle et une troisième de la Guyane.

CROTON *oamaza* Perr. Les habitans des Philippines donnent le nom de *Camaza* à une espèce nouvelle de croton qui croît spontanément dans les lieux élevés, et qu'ils cultivent dans tous leurs jardins pour ses propriétés médicinales. Je n'ai point vu sa fleur. La plante s'élève à 1 mètre (3 pieds) environ. Ses feuilles sont alternes, pétiolées, ovales, couvertes en dessus et en dessous d'un duvet légèrement ferrugineux. Le fruit est une capsule triangulaire, de la grosseur d'une noisette, à trois loges; les graines qu'il contient sont au nombre de trois; elles sont très-purgatives, même données à des doses légères : prises en trop grande quantité elles empoisonnent. L'huile que l'on retire de ces graines est employée en médecine. M. (*Graines.*)

CYCAS *circinalis*, de Madagascar. C. P.

CYCLANTHUS *bifolius*. Nouveau genre de palmier de la Guyane qui demande à être étudié avec soin. P.

CYPRIPEDIUM *elatum* Poit., de la Guyane. P.

DIANELLA *philippensis* Perr. Espèce nouvelle de Mindanao. M.

Djirak. Grand arbre fruitier des Philippines. On mange son fruit, qui a la chair blanche; son écorce est employée avec succès à la teinture des étoffes. (*Graines.*)

DIOSCOREA *alata*. J'ai rapporté de Java les deux variétés, la rouge et la blanche, que les Malais appellent *Oüi.*

DIOSPYROS *amara* Perr. Espèce nouvelle, originaire de la Chine, et cultivée dans l'île de Mascareigne sous le nom de *Coing de Chine*. Cet arbrisseau n'est point difficile sur la nature du terrain; on l'élève dans les terres fortes et substantielles, plutôt humides que sèches : on le place de préférence à l'exposition du sud-est. Chaque année il perd ses feuilles, et comme le sorbier il conserve long-temps après ses fruits, qui ont la grosseur et la couleur d'une orange. Ils sont très-âpres, et ont le goût du coing, lorsque, comme lui, on les laisse dans le fruitier prendre le dernier degré de maturité. Les confitures que l'on fait avec ce fruit sont excellentes.

DIOSPYROS *nigra* Perr. Espèce nouvelle des Philippines que les créoles de Mascareigne appellent *Sapot negro;* son fruit est très-gros, assez semblable, pour la forme, au melon cantaloup galeux. M. C.

DOLICHOS. L'espèce dite par les Malais *Katjen-kadelé*, dont les graines leur servent à faire une sauce piquante, et l'intéressante espèce connue des botanistes sous le nom de D. *bulbosus,* que l'on appelle indistinctement à Java et dans les Philippines *Iquamas* et *Bankovang.* J'ai publié, en 1821, sur la culture et les usages de cette seconde espèce un mémoire dans la *Bibliothèque physico-économique* de M. Thiébaut de Berneaud, tom. X, p. 311 et suiv.

DRACÆNA *serrulata*, appelée par les Malais *Andon.*

ECHITES. J'ai ramassé, durant mon excursion à la Mana, des graines d'une espèce nouvelle de ce genre, qui ont été semées à Cayenne, d'où j'en ai rapporté onze individus en pleine végétation au Jardin des plantes.

E. *tomentosa* Aub. P.

ELÆAGNUS *philippensis* Perr. Arbrisseau de 48 à 64 décimètres (15 à 20 pieds) d'élévation, à tiges et rameaux minces, flexibles, très-ramifiés, armés dans toute leur longueur d'épines foliacées ou espèce de rameaux avortés, non aigus, qui servent à soutenir la plante et à l'accrocher aux troncs sur lesquels elle se fixe. Les feuilles sont alternes, assez grandes, elliptiques, acuminées, argentées en dessous et criblées en dessus de points épars également argentés. L'extrémité des rameaux offre cette couleur à un degré des plus intenses, et donne à la plante un aspect vraiment pittoresque. Les fruits sont aussi revêtus d'un duvet argenté ; ils naissent dans l'aisselle des feuilles et même à l'extrémité des rameaux, en bouquets très-agréables. Leur grosseur égale celle d'une moyenne olive allongée ; ils sont couronnés au sommet par le calice persistant, et par là assez semblables aux fruits de certaines espèces d'*Eugenia*. Le drupe contient un noyau allongé, très-dur ; la pulpe est comparable à celle de nos meilleures cerises pour le goût : les indigènes des Philippines le mangent, mais ils ne cultivent point l'arbrisseau. Il abonde sur les montagnes élevées et froides des environs de Cavitte ; on le trouve aussi par touffes impénétrables sur le bord des chemins et la lisière des bois. Un sol sec, consistant, assez semblable à nos terres à blé, paraît lui convenir de préférence. M.

ELAIS *guianensis* Aub. P.

EPIDENDRUM *vanilla*. J'ai lu à la Société un mémoire sur la culture et la multiplication de cette plante, ainsi que sur les moyens d'en conserver les boutures. Comme elle en a voté l'impression, je me contenterai de répéter ici que j'ai porté à Mascareigne le vanillier de la Guyane où il est originaire, et j'ajouterai que, dans mes herborisations aux Philippines, je l'ai découvert spontané au sein des vallons au-dessus de Manille qui sont environnés de hautes montagnes, et non loin du lieu dit *la Cueva de San Matteo*. J'en ai recueilli de nombreux rameaux que j'ai remis au jardin de naturalisation à Mascareigne, où ils réussissent très-bien.

Il est bon de faire observer que le fruit du vanillier ne répand aucune odeur tant qu'il est sur la plante; il a besoin d'être macéré dans l'eau chaude, puis dans l'huile, pour développer son arome. (*Voyez* plus bas l'article POTHOS.)

ERYTHRINA. En étudiant les diverses espèces de ce genre qui vivent aux îles d'Asie, j'ai découvert dans le *Dadape tian keing* des Javanais le véritable tuteur du poivre, *Piper nigrum*. Cette espèce, très-épineuse, que je nommerai *spinosissima*, a été le sujet d'un mémoire que j'ai publié dans la *Bibliothèque physico-économique* de M. THIÉBAUT DE BERNEAUD, tom. XI, pag. 90 et suiv. Je l'ai porté à Cayenne, où le poivrier, qui réussissait très-mal auparavant, croît aujourd'hui avec vigueur, avec rapidité, et promet à son propriétaire un revenu considérable.

Les Javanais ont encore un autre dadape auquel ils ajoutent l'épithète de *serap;* il produit une belle fleur que l'on prend en guise de thé et que l'on prépare aussi en salade. Ses graines arrivent rarement à maturité. (*Graines.*) M. C.

Une troisième espèce, nommée dans le pays *Plosso,*

est fort belle, munie de fleurs rouge-écarlate, et de feuilles très-larges que l'on emploie à envelopper du sucre et autres objets. (*Graines.*) M. C.

EUGENIA *djouat* Perr. Espèce nouvelle. Cet arbre de troisième grandeur, originaire des Philippines, où il est cultivé, se trouve planté sur les routes et les places publiques. Il a le port du géroflier : son tronc se couvre de branches minces et flexibles, enveloppées d'une écorce blanchâtre assez mince. Ses feuilles sont alternes, ovales, luisantes, légèrement ondulées. Le fruit m'est inconnu, les habitans en font grand cas, ils le disent exquis et d'un parfum très-agréable. Le djouat n'est point difficile sur la nature du sol, il vient également bien partout. A Manille, je l'ai vu très-beau dans une bonne terre, un peu humide et à l'exposition du sud-est.

E. *malaccensis* L., le *Djambou méra* des Malais, ou *Jambosier* de Malaca. Arbre de quatrième grandeur, affectant la forme pyramidale, que j'ai vu cultivé à Java, où il est recherché pour ses fruits et comme plante d'ornement. Il réussit très-bien dans les terres légères et substantielles, plutôt humides que trop sèches.

J'ai de plus rapporté de la Guyane des individus d'une espèce non décrite. P.; et une autre de Java. M.

EUPHORBIA *nudicaulis* Perr. Espèce nouvelle que les Malais appellent *Caytanyan*. Elle pousse des rameaux nus, minces et flexibles. La fleur est d'un beau rouge écarlate. Je n'ai pu la recueillir. Elle croît abondamment dans les endroits frais et humides des environs de Sourabaja. M.

EUPHORIA *litchi* de la Chine. C. — Et le *Longana* de Madagascar. C. P.

FICUS *paludosa* Perr., le *Poutou-tan* des Malais. Espèce nouvelle produisant une résine d'abord claire et limpide, puis, exposée à l'air, prenant une légère consistance. Cet arbre de quatrième grandeur, indigène aux terres argileuses inondées de Java, a l'écorce d'un gris cendré, très-épaisse; ses branches s'étalent en tous sens et sont couvertes de feuilles entières, alternes, glabres, assez grandes, très-minces et d'un beau vert noir. Les Javanais mélangent la résine de cet arbre avec celle du badamier, *Terminalia vernix,* pour la rendre plus brillante et plus solide. Ils s'en servent aussi pour enduire les caisses d'emballage; elle résiste très-bien à l'action de l'air et de l'eau, surtout quand elle est unie à d'autres résines. Comme l'arbre reprend très-bien de boutures, il sert à former des haies chez les Malais.

FLACURTIA *ramontchi* Com. Cet arbuste de Madagascar, que j'ai trouvé très-abondamment dans les sables gris-foncé qui composent le sol des environs de Tamatave, donne un fruit de la grosseur d'une mira belle, mais de couleur violette, que l'on mange avec plaisir, et que l'on recherche surtout à cause de son goût légèrement vineux. C.

FLAGELLARIA *indica* L. Cette plante, que les Javanais nomment *Tamalola,* est munie de tiges minces et flexibles qui s'attachent aux arbres les plus élevés et courent le long de leur flèche. Ses feuilles sont en gaîne, longues, étroites, assez semblables à celles d'une graminée, et terminées à leur extrémité par une espèce de cirrhe ou vrille, au moyen de laquelle la tige monte et s'accroche aux arbres. Ce sont ces tiges qui fournissent les petits rotins qu'on expédie en Europe, et dont les indigènes font usage pour confectionner des paniers, des chaises, des mannes, des nattes, des chapeaux, et même pour aider à la construction des plafonds dans l'intérieur de leurs habitations. On en fait aussi des cordes, des anneaux pour les avirons et des cables pour les navires. Ces rotins sont d'une texture tenace; les Indiens les divisent en plusieurs parties, plus ou moins déliées, selon le travail qu'ils se proposent de faire. Ils ne cultivent point la plante, ils la trouvent partout, dans les bois et dans les haies qui servent de clôture aux habitations. Elle pousse par touffes, et croît très-rapidement dans les terres fortes et humides. Je ne l'ai jamais rencontrée sur le bord de la mer; elle n'en approche pas de plus de 120 mètres (60 toises).

GARDENIA. Diverses espèces peu ou point connues de la Guyane. P.

Gayam. Le gayam des Javanais est un grand arbre d'un assez beau port; il s'élève à la hauteur de 29 à 32 mètres (90 à 100 pieds). Ses branches minces et flexibles s'étendent peu et donnent à l'arbre une forme presque pyramidale. Elles sont couvertes de feuilles simples, alternes, ovales et de nature sèche; de fleurs axillaires, petites, blanches, qui tombent aussitôt leur épanouissement, et de fruits ou noix comprimées à péricarpe filandreux et tenace, dont l'amande est très-bonne à manger. On en retire de l'huile qui sert de condiment aux alimens et même à brûler. Ce bel arbre fait l'ornement des places publiques, des rues et des grandes routes à Sourabaja. Les terres fortes et humides sont celles qui m'ont paru lui convenir de préférence. Il s'accommode de toutes les expositions. M. C.

GEBANG. Espèce de palmier dont les Javanais préparent du sagou moins estimé que celui de l'*Aren*, du sucre et du vinaigre, auquel ils ont donné le nom de *Hyllzanez*. C. M.

GENIPA *americana*, arbre de l'Amérique méridionale, dont les fleurs ont une odeur agréable, et dont les fruits contiennent un suc d'un violet foncé qui sert à la teinture.

GOSSIPIUM. Diverses espèces non décrites, entre autres le *Kopok* des Javanais. (*Graines.*)

GUETTARDA *coccinea*, de la Guyane. P.

GYNESTUM *maximum* POITEAU. Le *grand Wouaie* des habitans de la Guyane française, est une belle espèce du genre *Gynestum* créé dans la famille si peu connue des palmiers, qui est décrit et figuré dans le IXe vol. des *Annales du Muséum d'histoire naturelle de Paris*, p. 385 et suiv. J'en dirai donc peu de chose. Ses fruits contiennent un petit noyau filandreux, qui demeure long-temps en terre avant de donner signe de végétation. Les cannes que l'on fait avec sa tige élancée et d'un petit diamètre, sont remarquables par les nœuds réguliers qui les garnissent à 8 et 10 centimètres (3 et 4 pouces) de distance l'un de l'autre. La fleur tombe presque aussitôt après son épanouissement.

G. *acaule*. Cette espèce toute particulière que l'on

trouve sur les bords de la Mana, entre le Maroni et l'Iracoubo, n'a point de tige, mais seulement une hampe simple et fructifère qui s'élève au-dessus de la touffe que forment les feuilles larges, bifurquées de ce wouaie.

Ces deux palmiers, ainsi que le *baculiferum*, le *deversum*, le *strictum*, que j'ai vus dans l'intérieur des forêts de la Guyane, croissent abondamment dans les terres légères, sablonneuses, un peu humides; leur développement ne se fait qu'imparfaitement dans les lieux secs et argileux.

HERNANDIA. Espèce nouvelle provenant de Mascareigne, où elle est cultivée. C. P.

HIBISCUS. J'ai rapporté deux espèces de ce genre. L'une est nommée par les Javanais *Warou-lingi;* on extrait de sa racine des fibres propres à faire des cordes; on emploie ses jeunes feuilles en décoction comme fébrifuge. (*Graines.*) M. C. L'autre, qu'ils appellent *W. combang,* est l'*Hibiscus populneus;* on fait aussi des nattes et des cordages avec ses fibres corticales. P.

HYMENÆA *courbaril* L. Originaire de la Guyane, cet arbre d'un très-beau port, se fait remarquer par sa taille et par sa grosseur; il se plaît sur les plages inondées. Son bois est très-dur, d'un grain fin, fort estimé par les ébénistes et les tourneurs. Le fruit, avidement recherché par les singes, et dont les Nègres se nourrissent, est presque cylindrique; il a de 5 à 8 centimètres (2 à 3 pouces) de long, sur 27 millimètres (1 pouce) à peu près de diamètre; sa substance est sèche, jaunâtre, farineuse, sucrée, et contient deux à trois grosses graines ovales et dures. P.

ILLICIUM *san-ki* Perr. Le nom de *San-ki* est celui que les Chinois donnent à cette nouvelle espèce de badiane. Quelques personnes estiment qu'elle doit être un *Cookia.* Quand on considère ses feuilles pennées avec impaires, on serait tenté de partager cette opinion; mais si on examine avec attention le fruit, qui est une réunion de huit à neuf capsules, contenant chacune une graine luisante parfaitement semblable à celle de l'anis étoilé, *Illicium anisatum,* et formant à son sommet une étoile parfaite, le doute cesse aussitôt. Toutes les parties de cet arbrisseau exhalent une odeur forte d'anis, notamment le fruit et sa graine.

Le san-ki s'élève de 4 à 5 mètres (12 à 15 pieds); son tronc est assez droit et acquiert souvent un diamètre de 16 à 18 centimètres (6 à 7 pouces); il est recouvert par une écorce brune pointillée de taches plus foncées, et couronné par un grand nombre de branches minces et flexibles qui s'étendent latéralement et divergent en tout sens. Ses feuilles sont alternes et pennées, dont le pétiole commun contient sept à neuf folioles également alternes, ovales, plus larges d'un côté de la nervure que de l'autre, fortement pointillées.

Les Chinois mâchent la graine de cette badiane pour faciliter la digestion; ils la mettent infuser avec la racine du *Menzi* (espèce de berle), et prennent chaude cette boisson très-agréable pour rétablir leurs forces abattues et récréer leur esprit. Je l'ai vu dans les Philippines mêler avec le café et le thé. On en fait aussi une liqueur fort estimée. Le bois de cet arbrisseau, que l'on connaît sous le nom de *bois d'anis,* est employé dans les ouvrages du tour et pour les meubles. On le cultive à Manille; les terres fortes, mais végétales, lui conviennent; il se plaît surtout dans les lieux un peu ombragés; exposé au soleil il demande à être arrosé souvent.

INGA *camatchili* Perr. Nouvelle espèce, originaire de Manille, et presque toute l'année chargée de fleurs et de fruits. Je lui donne le nom sous lequel elle est désignée dans les Philippines. Elle forme un arbre de seconde grandeur, d'un port remarquable, couronné par une cime de branches larges, touffues et épineuses. Ses feuilles sont petites, d'un beau vert, alternes et bijuguées, assez semblables à celles de l'*Inga unguis-cati* Wild., ce qui fait que quelques voyageurs les ont confondues l'une et l'autre. Les jeunes pousses de cette espèce, ses pétioles, ses épines et même ses rameaux sont d'un rose pourpré, tandis que dans le camatchili ils sont constamment d'un blanc grisâtre cendré, comme l'écorce du tronc. Les deux épines de l'aisselle desquelles sortent les rameaux et les pétioles, sont plus écartées, plus longues et plus acérées que celles de l'*Unguis-cati,* quoique placées de la même manière sur l'une et l'autre espèce.

Les fruits du camatchili sont un légume contourné, ou si l'on veut à forme de demi-lune révolutée et tordue; il a de 8 à 10 centimètres (3 à 4 pouces) de long; ses graines, au nombre de quatre ou cinq, sont petites, aplaties, de couleur noire à l'époque de leur parfaite maturité, entourées d'une arille épaisse, blanche et pulpeuse, dont la saveur est des plus agréables. Aussi les indigènes mangent-ils ce fruit avec avidité :

ils cultivent l'arbre autour de leurs habitations quand elles sont voisines des eaux courantes.

La Guyane m'a fourni deux autres espèces d'Inga que je crois encore inédites. P.

IPOMEA *grandiflora,* de Mascareigne. C. P.

IXORA *rosacea* Perr. Espèce nouvelle de Java, à fleurs d'un rose pâle. M. P.

Jati-longoé. Grand arbre de Java dont le bois est très-dur et d'une couleur noirâtre. (*Graines.*) M. C.

JATROPHA *coccinea* cultivée à la Guyane, et une espèce nouvelle originaire de Mascareigne. P.

JUSTICIA *maculata* Perr. J'appelle ainsi cette nouvelle espèce de carmantine, parce que les fleurs qu'elle porte sont parsemées de taches violettes sur un fond d'un très-beau blanc, quelquefois légèrement rosé. Ses feuilles sont roides et coriaces. Elle croît naturellement dans les forêts qui avoisinent la ville de Sourabaja, dans l'île de Java.

Kamanga, grand arbre des îles de la mer du Sud, de seconde grandeur. Les Malais recherchent ses fleurs, qui sont belles et d'une odeur fort agréable. (*Graines.*)

Kanvisto, grand arbre des îles Malaises, qui produit une espèce de fruit semblable à la pomme et dont le péricarpe est fort dur; sa chair est blanchâtre, d'une saveur douce, assez agréable. (*Graines.*)

Kasemak. Arbre de moyenne grandeur des îles Philippines. Il donne un fruit assez semblable à celui du mangoustan ou du mondo, aigrelet et recherché par les Malais. Du tronc ils retirent un suc jaunâtre qui fournit un très-beau vernis. (*Graines.*) C. M.

Kasoembac-king, arbre de seconde grandeur, d'un

port remarquable, ayant des fleurs d'un beau rouge, et des fruits que les Javanais emploient dans la teinture en jaune. (*Graines.*)

KEDONDON. Arbre de seconde grandeur, provenant de Java. Son fruit est gros, d'un goût aigre, mais que l'on peut manger. Le bois sert à la charpente. (*Graines.*)

KEPOENDOENG-MERAK. Cette espèce d'arbre fruitier se rapproche beaucoup du *Djirak.* Comme lui, elle abonde aux Philippines. Son fruit a la chair rouge. Son écorce est recherchée pour la teinture. (*Graines.*)

KLOEK. Grand arbre qui produit une amande que les Malais font entrer dans presque tous leurs mets. Avant de s'en servir, ils la mettent plusieurs jours sous la cendre chaude. (*Graines.*)

LANTANA *melissæodorifera* PERR. Les indigènes de la Guyane donnent le nom de *melisse* à cette espèce de viorne, à cause de ses feuilles qui en ont l'odeur d'une manière très-prononcée. C'est aussi ce qui m'a décidé à lui imposer le nom qu'on vient de lire. P.

LATANIA *alba* et *rubra,* cultivées à Mascareigne. C. P.

LAURUS *cinnamomum* L. Parmi plusieurs variétés de cannelliers que j'ai rapportées des îles de la mer d'Asie, j'en citerai surtout une, originaire de Ceylan, que j'obtins à Manille. Elle est remarquable par sa saveur et son parfum, très-supérieurs à l'espèce que l'on cultivait à Cayenne. Cet arbre demande à jouir de sa liberté; à dix-huit mois de végétation ses tiges ont acquis tout leur développement; mais quand il a atteint sa hauteur ordinaire, qui est de 6 mètres et

demi à 10 mètres (20 à 30 pieds), il n'est plus susceptible de fournir de bonne cannelle; les petites vésicules
qui sont sous l'épiderme, et où se trouve concentrée
l'odeur aromatique qui distingue cet arbre, se dessè-
chent, et l'écorce devient dure, coriace. On coupe les
tiges tous les ans à quelques centimètres au-dessus du
niveau du sol; il sort alors de la souche une touffe vi-
goureuse dans laquelle on fait choix des pousses les
plus droites, les plus unies, et on enlève le surplus.
C'est le liber qui fournit la cannelle. Après la coupe,
on porte les branches dans un lieu couvert, aéré et où
le soleil ne pénètre pas; il faut que la dessiccation s'ob-
tienne lentement pour ne point perdre l'huile essen-
tielle qui constitue l'arome de l'écorce précieuse. Une
fois sèche, on l'enferme dans des caisses ou dans des
sacs qu'on livre successivement au commerce. L'arbre
réussit à merveille dans les terres élevées, argileuses
et compactes.

LAURUS *persea*, l'*Avocatier* des Indes occidentales.
Cet arbre, que l'on multiplie de graines, se plaît dans
tous les terrains, particulièrement dans ceux dont la
consistance est forte, sans être trop humide. Les graines
germent au bout de dix à quinze jours. On a parlé di-
versement de son fruit, qui est semblable à une belle
poire sans ombilic, c'est pourquoi j'en dirai quelque
chose. La chair en est verdâtre près de l'écorce et
blanchâtre près du noyau; elle est grasse au toucher,
d'une consistance butireuse, et n'a point d'odeur. Sa
saveur, assez agréable au dire des habitans de l'Amérique méridionale, me paraît fade, et même insipide;
je n'ai jamais pu en manger sans l'assaisonner, soit

avec du jus de citron et du sucre, soit avec du poivre, du sel et du vinaigre, soit enfin avec du sucre et du tafia. Le noyau que ce fruit présente à son centre, et auquel il n'adhère pas, n'est point bon à manger : il est plein d'un suc laiteux qui rougit un peu à l'air et tache le linge d'une manière presque ineffaçable. P.

LEUCOXYLON Jacq. Espèce dite *Bois d'ébène* par les habitans de la Guyane. P.

LHERITIERIA *littoralis,* des plages marécageuses des Philippines.

LIMODORUM *altum,* variété de la Guyane. P.

MALAPARIUS. Espèce nouvelle de Java. M. C.

MAMMEA *americana* L., appelé *Abricotier* à Cayenne et à Saint-Domingue. Arbre de seconde grandeur, donnant un fruit sphérique, de forme et de couleur semblables à celles de l'abricot ordinaire; sa peau est rude, épaisse, écailleuse, et la pulpe qu'elle renferme est agréable au goût et d'une digestion difficile. Les Nègres le mangent avec plaisir. J'ai vu de ces fruits acquérir le poids de 3 à 4 kilogrammes (8 à 10 livres). L'arbre est d'un beau port, et se plaît particulièrement dans les terres légères et substantielles, sans être trop humides. On en connaît à Cayenne deux variétés : l'une à fruit rougeâtre, l'autre à fruit blanc. P.

MANGIFERA *indica* L. Nouvelle variété de Manille. M. C.

MELASTOMA. Plusieurs espèces nouvelles, toutes provenant de la Guyane. P.

MESEMBRYANTHEMUM *theris* Perr. Espèce nouvelle que les Malais appellent de ce nom. M.

MIMOSA *scandens* L., le *Beyugo* des terres élevées.
et sablonneuses des Philippines. Sa tige est une liane
de 10 à 13 centimètres (4 à 5 pouces) de diamètre,
qui s'élève à près de 50 mètres (150 pieds). Elle presse
tellement les arbres qui lui servent d'appui qu'elle leur
fait produire des articulations et des gonflemens sin-
guliers; quelquefois même, elle s'incorpore au tronc
de manière à paraître en faire partie intégrante. Le
liber de cette plante sarmenteuse contient une substance muqueuse de couleur jaunâtre, qui se dissout
dans l'eau. Les indigènes s'en servent, en guise de sa-
von, pour blanchir leur linge et en enlever toutes les
taches. Les fibres corticales du beyugo ont cette propriété à l'instant de leur extraction et elles la conser-
vent plusieurs années de suite lorsqu'on les met sécher
au soleil. La plante croît très-vite; douze à quinze mois
suffisent pour que le liber acquière sa propriété; aussi
est-ce à cette époque que l'on coupe les tiges rez
terre. Peu de jours après on voit paraître de nouveaux
bourgeons qui s'allongent et prennent un accroisse-
ment vraiment extraordinaire. Parvenu au terme de sa
végétation le beyugo se charge de siliques de 1 mètre
(3 pieds) et plus de longueur, sur 10 centimètres
(4 pouces) de large. (*Graines.*)

MIMUSOPS *elingi*. Arbre à fruits, de la famille des
sapotilliers, que l'on trouve particulièrement dans les
terres légères et humides des Philippines. Il est de
quatrième grandeur, couvert de branches horizontales
et de fruits petits assez bons à manger.

Mondo, arbre nouveau, de quatrième grandeur, originaire de Java, où on le trouve dans les terres fran-

ches, un peu humides, à l'exposition du sud-est. Il est voisin et ressemble beaucoup au mangoustan, *Garcinia mangostana* L. Les Malais le nomment *Mondo* et en connaissent quatre variétés. Il affecte la forme pyramidale; ses feuilles sont opposées, épaisses, coriaces, luisantes et ovales; l'extrémité des rameaux est quadrangulaire. Les fleurs et les fruits, presque tous sessiles, naissent sur le tronc et sur les branches. Le fruit, de la grosseur d'une orange ordinaire, est ovoïde, recouvert d'une peau épaisse, très-luisante, d'abord verdâtre, puis d'un beau jaune doré à l'époque de la maturité; sa pulpe est délicate, d'un goût exquis, légèrement vineux; les graines qu'elle renferme sont au nombre de trois et souvent de quatre, toutes semblables aux graines de l'*Hymenæa courbaril* L. Elles sont un peu aplaties du côté de leur réunion, et d'une consistance molle, huileuse et spongieuse. Ce précieux arbrisseau est cultivé dans tous les jardins de Java, près des habitations, auxquelles il sert d'ornement. C. M.

MORINDA *umbellata* L., le *Woucoudou* des Javanais, croît abondamment aux îles Philippines et de Java, dans les terres les plus arides; c'est un arbrisseau très-estimé pour la belle couleur jaune que l'on obtient de ses racines rougeâtres et peu ligneuses, et dont on se sert pour teindre les étoffes. Les rameaux minces et flexibles du woucoudou sont généralement quadrangulaires au sommet; ils portent de grandes et belles feuilles rondes, opposées, munies de deux stipules à leur base et à petites nervures saillantes. Les fleurs sont petites, blanches, monopétales régulières;

le fruit qui leur succède est turbiné, assez semblable à celui de quelques annones, et composé, comme la fraise, d'une réunion de soroses à pulpe très-âcre et vermifuge. Dans cette pulpe nagent plusieurs petites graines comprimées, presque analogues à celles des pommes; elles avortent assez généralement.

MORINGA *nux-ben.* Cet arbrisseau est nommé à Java *Katantag,* par les Malais *Kelor,* et par ceux des Philippines *Malungay.* Ils se servent de ses feuilles en guise d'oseille; elles ont en effet un goût légère- ment acide qui rappelle celui de cette plante de nos potagers. Son fruit est une espèce de légume triangu- laire qui se mange cru et cuit, surtout lorsqu'il est encore jeune. Les racines sont très-volumineuses et ont le goût du raifort. Ces propriétés économiques ont fait placer le moringa dans tous les jardins, autour des habitations. Il veut une terre légère et substan- tielle. On en fait usage en médecine.

MORUS *multicaulis* PERR. Ce mûrier, que l'on voit en Europe pour la première fois, est la véritable espèce dont les cultivateurs de vers à soie doivent faire choix pour nourrir ce précieux insecte. Il a la propriété de pousser de ses racines de larges touffes, formant de nombreuses tiges minces, flexibles (sans former de tronc proprement dit), chargées de feuilles plus tendres, plus délicates et bien plus nutritives que celles de ses congénères, et même que celles du mûrier blanc dont on fait un si grand usage en France. Des Chinois, en me procurant cette espèce nouvelle, m'ont assuré qu'il fallait une moins grande quantité de feuilles, et que c'est à cette nourriture que le vaste empire policé par Confucius doit la beauté, la solidité de sa soie.

Le mûrier multicaule est aujourd'hui parfaitement acclimaté en France, il se propage partout; n'étant point difficile sur la nature du sol, il s'accommode de tous les endroits où on le place, mais il produit plus, mais son développement est plus rapide, quand on le met dans une bonne terre légère, substantielle et un peu humide. Il réussit à Cayenne dans les lieux les plus chauds et les plus arides.

MOURIRI *guianensis* Aub. P.

MUSA *abaca* Perr. Je donne à cette nouvelle espèce de bananier le nom qu'elle porte chez les Indiens des Philippines. Elle diffère de ses congénères par des feuilles plus allongées, moins larges, plus fermes et d'un beau vert noir, par la grosseur et l'élévation considérables de sa hampe d'une couleur vert foncé brillant. Son fruit ne paraît jamais bien noué. On extrait de sa hampe une espèce de fibre de la plus grande ténacité, dont on fait des cables et des cordages qui durent fort long-temps et résistent aux tempêtes les plus violentes. On en prépare aussi de la toile d'un tissu très-fin, susceptible d'acquérir une grande blancheur et de rivaliser avec le plus beau linge.

Les indigènes multiplient cette plante au moyen des rejetons que les racines fournissent abondamment; ils la cultivent avec une certaine prédilection et la tiennent dans le voisinage de leur demeure, où elle forme des touffes considérables; mais elle ne prospère que là où la terre est riche en humus et plutôt humide que sèche, où elle est abritée contre les vents.

Elle est originaire des grands bois, et abonde dans les parties humides et ombragées. C. M.

MUSA *chapara* Perr., le *Plantanos* des Philippines. J'ai dédié cette espèce de bananier à M. Chapar, officier de la marine française, qui le premier l'a rapporté de la Cochinchine, l'a introduite à Manille où elle est encore rare. Le fruit que donne ce bananier est le plus gros et le meilleur de tous ceux connus dans ce genre de plantes nombreuses. J'en ai fait présent à nos colonies de l'Afrique orientale et de l'Amérique du sud.

M. *coccinea*. M. C.

M. *humilis* Perr. Cette espèce, dont la hampe blanchâtre est plus mince que celle de ses congénères, arrive au plus à 2 mètres (6 pieds) d'élévation. Elle est garnie de feuilles courtes, ovales, et d'un régime d'environ 32 centimètres (1 pied) de long. Les fruits, qui affectent la forme d'un œuf et en ont la grosseur, sont très-pressés sur la grappe. J'en ai rapporté un que l'on conserve sous verre dans les salles de botanique. Les insulaires des Philippines le mangent et l'estiment des plus délicats.

M. *nigra* Perr., originaire des Philippines et cultivé à Manille. Sa hampe, recouverte d'un épiderme noirâtre, s'élève rarement au-dessus de 2 mètres (6 pieds), mais elle acquiert une grosseur extraordinaire. Ses feuilles sont très-larges, d'une belle couleur brune en dessus et d'un beau vert glauque en dessous. Le régime est d'une grosseur et d'une grandeur très-remarquables, et les fruits qui l'ornent, très-rapprochés les uns des autres, offrent souvent un poids qui va jusqu'à 20 kilogrammes (40 livres). Les oiseaux et les singes sont tellement friands de ces fruits que rarement on les voit arriver à une parfaite maturité.

MYRISTICA *aromatica* ou muscadier.

NERIUM *dysentericum?* de Java.

N. *tinctorium*. Arbre latescent, de quatrième grandeur, dont le tronc, revêtu d'une écorce épaisse blanchâtre, se maintient dans une direction assez verticale. Ses branches minces et flexibles divergent en tous sens. Les feuilles sont grandes, opposées, elliptiques et douces au toucher. Je n'ai pas vu la fleur; le fruit est composé de deux follicules réunies à la base, longues de 27 à 32 centimètres (10 à 12 pouces), très-droites, et renferment des graines aigrettées. On obtient par la macération de ses feuilles une fécule bleuâtre. Cette fécule est assez semblable à celle de l'indigotier, et fournit une couleur brillante, très-intense. L'arbre donne deux et trois récoltes de feuilles dans le courant d'une année, et comme l'extraction de la fécule qu'elles contiennent est très-prompte, le *Nerium tinctorium* a de grands avantages sur l'indigotier, dont la culture est peu facile. Le nérium prospérera dans nos colonies. Il abonde aux Philippines, sur les lisières des bois, dans un sol sec, mais substantiel. Les indigènes le placent dans leurs jardins comme ornement.

NIPA *fruticosa* Lamk. Palmier d'une moyenne élévation que j'ai trouvé à Java et à Mindanao, n'offrant qu'une touffe de longues feuilles pennées, du milieu desquelles montait une courte hampe de fleurs réunies en tête. Les fruits qui leur succèdent sont longs et anguleux. Les peuples de l'Inde recherchent les feuilles de ce palmier, non-seulement pour en faire des couvertures de cases qui durent plus de vingt ans, mais encore pour la fabrication des nattes et des chapeaux fins, qui ne se rompent point comme ceux faits avec les feuilles des autres palmiers. On m'a assuré que l'on retirait de cette plante une liqueur susceptible de fermenter, avec laquelle les indigènes s'enivrent facilement. Le *Nipa fruticosa* croît naturellement dans les marais vaseux et submergés de Sourabaja; les plages en sont couvertes, il sert de retraite au caïman. M.

OCRIS OCRISSON. Grand arbre de Java, dont l'écorce sert à faire du fil. (*Graines.*) C. M.

OMPHALEA *diandra* AUBLET. Liane dont les rameaux s'élèvent au-dessus des plus grands arbres et retombent ensuite jusqu'à terre; ils n'ont guère plus de 27 à 41 millimètres (1 pouce à 1 pouce et demi) de diamètre. Les habitans de la Guyane s'en servent pour faire des cercles aux tonneaux dans lesquels on renferme le sucre et le café que l'on expédie en Europe. Les fruits de cette euphorbiacée renferment des amandes bonnes à manger. Elle croît naturellement aux lieux marécageux. P.

OXALIS *arborescens* PERR. Espèce nouvelle apportée de la Guyane, où elle se trouve dans les bois vierges. Sa racine est fibreuse. P.

PACHIRA *aquatica* AUB. Arbre de quatrième grandeur, provenant de terrains couverts d'eaux et sur les bords des criques et rivières de la Guyane. P.

PALMÆ. Outre les individus déjà nommés de cette belle famille trop peu connue, j'ai rapporté le *Bache*, palmier évantail; le *Moucaya*, l'*Aouara* palmiste épineux, le *Pinau* qui vient dans les endroits aquatiques, le *Maripa*, le *Pataoua*, tous six originaires de la Guyane. P.

PANAX *fruticosum* (le) que j'ai trouvé à Manille, est employé dans ce pays à faire des haies, des bordures, et comme plante d'ornement ; il s'élève ordinairement à la hauteur de 1 mètre (3 pieds) ; il aime les terres légères et sablonneuses. M. C.

De Cayenne j'ai rapporté le P. *undulatum* d'Aub. P.

PANCRATIUM *amboinense.*

PANDANUS *latifolius* Perr. — Le *Vaquoi panden* ou à larges feuilles, originaire de Mindanao, est une espèce nouvelle, et pour la première fois apportée en France. Il monte à la hauteur de 6 à 8 mètres (20 à 25 pieds) environ, surtout si l'on a soin de le maintenir dans une direction verticale. Arrivé à cette élévation, il se charge d'une grande quantité de fruits, semblables pour leur grosseur à un coco (*cocos nucifera*). Les fruits tombent aussitôt leur maturité. Comme on le pense bien, ces énormes fruits ne sont point le produit d'une seule fleur, mais bien celui de l'union de plusieurs petits fruits. Leur union est tellement intime qu'ils ne peuvent se séparer les uns des autres que lorsque l'enveloppe filandreuse, qui leur est particulière à chacun, commence à se rompre. A cette époque, l'instant de la germination des graines est arrivé. On voit alors au centre de l'un de ces petits fruits se développer de cinq à six bourgeons, et souvent plus, destinés à fournir chacun une plante semblable à celle dont ils proviennent.

Les feuilles de ce superbe pandanus sont remarquables par leur taille, qui est presque d'ordinaire de

6 mètres (18 pieds) de long, sur 32 centimètres (1 pied) de large : c'est ce caractère spécifique qui m'a déterminé à lui donner le surnom de *latifolius*. Dans le pays, on emploie ces feuilles à la fabrication des nattes, des sacs d'emballage, des chapeaux, et même des couvertures.

Ce pandanus est originaire d'une petite île située à l'entrée du détroit de Basilan ; il y croît en abondance, non pas dans la terre, mais sur un sable pierreux que baignent les eaux de la mer.

PANDANUS *odoratissimus*. Le tronc de ce grand vaquoi renflé par le haut, et sillonné en spirale par l'impression des anciennes feuilles, pousse près de sa base des jets qui vont s'enraciner autour de lui, et le soutiennent comme des arcs-boutans. Ses fleurs mâles sont recherchées à cause de leur odeur suave : on les place dans les appartemens pour les parfumer. Les Malais le nomment *Kambang*.

Paripou, palmiste cultivé à la Guyane, dont le tronc, le pétiole et les feuilles sont armés de longues épines très-aiguës. Il aime particulièrement les terres légères et un peu humides, dans le voisinage des habitations, qui le défendent contre l'impétuosité des vents. Son fruit, généralement recherché, est de la grosseur d'une noix revêtue de son brou ; il acquiert en mûrissant une couleur d'un beau jaune - orange ; sa substance est farineuse, très-nourrissante, et enveloppe un petit noyau de la grosseur et de la forme d'une noisette des bois. Les fruits qui terminent le régime sont ordinairement petits et ne portent pas de graines.

PAULLINIA *asiatica* L. Cette espèce, que les Indiens nomment *Kakatoddali,* est un bel arbre dont les feuilles ternées et ponctuées rappellent agréablement l'odeur de l'anis étoilé. M.

J'ai rapporté au Jardin des plantes de Paris le *Paullinia pinnata* de la Guyane.

PETIVERIA des Philippines, dont la racine a la propriété d'éloigner les insectes. Son odeur est très-pénétrante.

PHYLLANTHUS. Espèce nouvelle de Java. C. P.

PIDJEN. Arbre fruitier des Philippines dont le fruit est excellent. (*Graines.*)

PIPER *betel* L. Plante sarmenteuse que les Malais appellent *Sirimangan,* et les Indiens des Philippines *Bongo.* Pour prospérer, elle demande un tuteur, et c'est l'*Erethrina spinosissima* qu'on lui donne à Java et dans ses environs. Les indigènes la cultivent avec un soin tout particulier et près de leurs habitations. Ils mâchent continuellement ses feuilles mélangées avec de la noix d'arec, ou de la graisse et un peu de chaux. Cette dégoutante habitude est de tous les âges et de tous les sexes ; on vend des chiques préparées sur les marchés publics. Le bétel est originaire de Java et de Sumatra, où il croît dans des terres fraîches et ombragées.

Parmi les autres espèces de piper que j'ai rapportées, je citerai le *Djambou-piment,* le *Siri paqui* des Malais et le *Poivrier sauvage* de la Guyane.

PISONIA *mollis* Perr. Espèce nouvelle de la Guyane, dont les tiges sont très-flexibles. P.

PLATISTEMA *odorata* Poit. de la Guyane. P.

PLUMERIA *alba.* J'ai recueilli beaucoup de graines

de cette apocynée que les Malais appellent *Sambodja*.

POINCIANA *pulcherrima*, cultivée à la Guyane. P.

POTHOS. J'ai rapporté de la Guyane trois espèces de ce genre ; l'une que je nomme *odoratissima*, dont la fleur exhale une odeur de vanille très-prononcée ; les deux autres n'ont point encore été décrites.

Le *Pothos odoratissima* a la propriété d'embaumer les forêts dans lesquelles il croît naturellement ; quelques spadices épars, à peine épanouis, suffisent pour pénétrer l'atmosphère à une grande distance. C'est sans doute à la présence de cette aroïde, et à quelques autres de la même nature, qu'il faut attribuer l'erreur commise par tant de voyageurs qui ont dit, écrit et répété jusqu'à satiété, que, à l'époque de la maturité des fruits du vanillier, l'odeur qu'ils exhalent se fait sentir de très-loin, tandis que ces mêmes fruits, que l'on appelle improprement *gousse de vanille*, ne décèlent réellement leur odeur aromatique que lorsqu'ils ont subi une première préparation. Ce pothos vient de fleurir dans les serres du Jardin des plantes, où chacun a pu constater le fait que je rapporte.

PSIDIUM. J'ai trouvé dans un jardin, à Java, une belle espèce à feuilles étroites que je nomme *parvifolium* M. — A Mascareigne, j'ai découvert une variété nouvelle du *pomiferum*. C. P.

QUASSIA *amara* L. Les Créoles appellent cet arbrisseau *Quachi;* on le cultive sur toutes les habitations de la Guyane, et comme plante d'ornement, et comme offrant dans ses feuilles, dans son écorce, et même dans son bois, un fébrifuge des plus héroïques. Les feuilles de ce bel arbrisseau sont alternes, à pé-

tiole ailé; les folioles sont souvent lobées régulièrement; les fleurs naissent sur une panicule terminale,
elles brillent du plus beau rouge écarlate; les fruits,
de la grosseur d'un pois ordinaire et de forme inégale,
un peu allongés, sont noirs à l'époque de leur maturité, et terminés au sommet par une petite mucrone
peu saillante provenant du style. Groupés au nombre
de trois, ils sont fortement réunis à la base et forment
ainsi une sorte de grappe très-serrée. Une bonne terre,
douce, légère, surtout riche en humus, est celle qui
lui convient le plus. Je l'ai vu très-beau dans un ter-
reau composé de débris de feuilles et de végétaux dé-
composés. Il demande à être ombragé, et surtout mis
à l'abri des vents impétueux. P.

RAVENALA *madagascariensis*. Cette monocotylédone s'élève à la hauteur des palmiers; son stipe nu
est couronné par des feuilles de 3 à 4 mètres (10 à
12 pieds) de long, y compris le pétiole, sur environ
1 mètre (3 pieds) de large; elles sont disposées en éven-
tail. La base du pétiole est terminée par une gaîne de
1 mètre (3 pieds) environ de longueur qui contient
une eau fraîche et limpide, ce qui a fait donner à la
plante le nom vulgaire d'*Arbre du voyageur*. L'eau ne
provient point de la sève, comme on l'avait avancé,
mais bien des pluies que la lame concave de la feuille
reçoit et laisse égoutter dans cette sorte de réservoir.

RHIZOPHORA *tagal* Perr. Ce palétuvier, espèce
nouvelle que les Indiens appellent *Tagal*, a les feuilles
opposées, ovales, charnues, luisantes, et le fruit long
de 95 millimètres (trois pouces et demi), quelquefois plus, très-pointu au sommet, plus gros et plus

rond à la base, d'une surface très-inégale, offrant çà et là des angles assez saillans. On voit souvent des îles flottantes de ces fruits à l'entrée du détroit de Basilan. L'écorce de ce palétuvier est très-épaisse, charnue et de couleur jaunâtre, semblable en quelque sorte à celle de notre chêne commun. Les habitans des Philippines l'enlèvent avec le plus grand soin pour la réduire en poudre lorsqu'elle est parfaitement sèche, et s'en servir comme d'un excellent fébrifuge, auquel ils donnent le nom de *Quina*. Ce végétal intéressant ne prospère que dans le voisinage de la mer; sur les plages vaseuses de Samboangan, il étale un grand luxe de végétation. Il assainit les lieux qu'il habite. Il serait bon de tenter quelques essais sur les nombreuses espèces de ce genre qui se trouvent aux environs de Cayenne, afin de s'assurer s'ils possèdent les mêmes propriétés. M.

RUBUS *mascarinensis* PERR. Cette belle espèce de framboisier, originaire de Mascareigne, porte de gros fruits rouges très-parfumés et d'un excellent goût. On ne le cultive pas, on le trouve généralement partout, sur les rochers, comme dans les meilleurs terrains. C. P.

SACCHARUM *officinarum*. Parmi les nombreuses espèces ou variétés de cannes à sucre que j'ai rapportées des mers de l'Inde et que j'ai introduites à Mascareigne, je citerai les suivantes en les désignant par le nom que leur donnent les Javanais : 1° le *Teboclare*, qui acquiert une taille et une grosseur remarquables, mais dont le suc est salé; 2° le *Manglé*, qui fournit une petite quantité de sucre; 3° le *Pouti*, canne blanche de moyenne grosseur, légèrement sucrée ; 4° le *Léong*, qui croît très- rapidement, mais dont la substance est fade ; 5° le *Djava* à hampe d'un beau pourpre, et des plus abondantes en sucre ; 6° le *Malanga*, canne très-grosse, produisant beaucoup de sucre et d'une très-bonne qualité ; 7° et le *Patéha*, fort petite canne, à nœuds rapprochés, donnant un sucre très-estimé des Européens.

SAGUS *farinifera* de l'Inde, cultivé à la Guyane. P. S. *gomutus* de l'Encyclop. méth., l'*Aren* des Javanais et le *Cavonegro* des indigènes des Philippines, est un palmier qui s'élève à la hauteur de 11 à 13 mètres (35 à 40 pieds). Il porte de grandes feuilles alternes et pennées ; le pétiole commun sur lequel sont attachées les folioles, est très-ligneux et d'une grosseur remarquable ; il embrasse le stipe sur lequel il prend naissance, de telle manière qu'à l'époque de sa chute il y laisse des empreintes annulaires très-prononcées et rapprochées les unes des autres de 13 à 16 centimètres (5 à 6 pouces) environ. De l'aisselle de ce pétiole sort un tissu filandreux (1), noirâtre, très-fort et d'une ténacité excessive : on l'emploie dans le pays à la fabrication de cables qui durent fort long-temps et passent pour incorruptibles. La panicule ou le régime qui porte les fleurs et les fruits, prend également naissance sous l'aisselle des feuilles et acquiert souvent une taille de 22 à 25 décimètres (7 à 8 pieds). Elle se couvre d'une grande quantité de ramifications, et les filets

---

(1) Ce tissu est tellement inhérent à la base du pétiole qu'il paraît être produit par lui.

qui la composent, de fruits de la grosseur et de la
forme d'une de nos pommes d'api; ils ont ordinairement de trois à quatre côtes peu saillantes, selon qu'ils
contiennent trois ou quatre graines. Celles-ci sont
dures, noirâtres, allongées, pointues vers l'attache et
légèrement aplaties à l'autre bout; elles sont enveloppées dans une substance piliforme qui, lorsqu'elle
est sèche et que le fruit a acquis sa parfaite maturité,
cause un prurit insupportable, puis une enflure dou-
loureuse qui dure plusieurs heures.

Les graines de ce palmier mises en terre y restent
souvent huit et dix mois sans donner aucun signe de
végétation même dans leur pays. Les naturels des îles
Philippines emploient comme contre-poison le pétiole
du *Sagus gomutus*; ils le coupent par morceaux, l'ex-
posent durant quelques minutes sur des charbons ar-
dens, et en retirent un suc dont les effets sont très-
prompts et d'une réussite certaine.

Du tronc ou stipe on retire le sagou le plus fin et le
meilleur connu de toute l'Inde. On n'est point exposé
à voir périr ce palmier aussitôt qu'il a atteint l'époque
de sa fructification; on l'abat et on le coupe par tranches minces, à partir de la base, à mesure des besoins.
La coupe se fait ordinairement pour toute une semaine.
Le tronc reste ainsi exposé à l'air pendant une année
entière et quelquefois plus, sans que sa substance
amylacée perde de ses qualités nutritives. La coupe se
fait habituellement par les hommes; les femmes en recueillent les tranches ou fragmens sur des toiles ou
mieux encore sur des nattes tressées avec des feuilles
de vaquoi (*Pandanus odoratissimus*); puis elles en

délaient la substance dans de l'eau et la passent ensuite dans des toiles assez claires pour en retirer la fécule. Après cette première opération, on a recours à
des toiles plus serrées, afin d'exprimer l'eau et ne conserver qu'une pâte que l'on met sécher au soleil, que
l'on remue souvent pour la diviser, et à laquelle on fait
prendre la forme de petites graines rondes. Quand elle
est totalement sèche, on l'enferme dans des sacs pré-
parés avec des feuilles de vaquoi, et on la livre au commerce.

Comme on le voit, ceux qui ont dit que le sagou était
préparé avec la graine du *Sagus gomutus* sont tombés
dans une erreur grossière; on ne fait aucun usage
de cette graine. Ce palmier, que j'ai observé dans les
lieux bas et humides , au voisinage de la mer, paraît
indigène des îles de Java et des Philippines : il s'y
trouve abondamment.

SAGUS *raffia* (le) de Madagascar est un palmier
d'un très-beau port et remarquable par ses fruits de la
grosseur d'un œuf. Ses feuilles servent aux indigènes à
préparer leurs pagnes, leurs nattes et tapis si renom-
més en Europe; ils en font aussi des cordages de différentes grosseurs. Je dois à M. J. J. GLOUND, riche propriétaire à Tamatave et correspondant de la Société
Linnéenne de Paris, la connaissance des procédés que
les Madécasses emploient pour la fabrication de leurs
tissus. Après que les feuilles du raffia sont coupées on
les étend dans un lieu ombragé, afin qu'elles s'y flé-
trissent et prennent une souplesse convenable. On les
divise ensuite par lanières plus ou moins fines, selon
l'objet auquel on les destine; elles sont exposées à l'air

libre pendant quelques heures seulement et employées avec beaucoup de dextérité.

Les régimes du palmier raffia ont 2 mètres (au moins 6 pieds) de long, et sont composés de ramifications nombreuses portant chacune une plus ou moins grande quantité de fruits, couvertes d'écailles du jaune le plus brillant et régulièrement imbriquées. La plante abonde aux environs de Tamatave dans un sable gris foncé presque pur, submergé pendant une partie de l'année. C. P.

SAGUS *rhumphi*, l'*Intal* des Malais, le *Bori* des insulaires des Philippines, le *Servalam* de Java, s'élève à une hauteur prodigieuse; j'en ai vu de nombreux individus qui avaient plus de 26 à 30 mètres (80 à 90 pieds). Son tronc acquiert une grosseur très-considérable. Ses feuilles sont grandes et digitées, assez semblables à celles du latanier blanc (*Latania sinensis* JAC.), portées sur un pétiole beaucoup plus gros encore que celui du *Sagus gomutus*, et armé sur ses bords de longues dents clairement parsemées. La base de ce pétiole est très-large et forme une espèce d'anneau ou gaîne semi circulaire qui embrasse le tronc du palmier et y laisse, en tombant, des impressions profondes. Sur une panicule terminale de 16 à 19 décimètres (5 à 6 pieds) de long, très-droite, composée de ramifications nombreuses, naissent les fruits, qui sont petits, ronds, unis et contenant, sous une enveloppe verte et mince, une graine ou noyau très-dur, noir, qui demeure en terre plus de dix mois sans donner aucun signe de végétation.

Ce beau palmier périt aussitôt que ses graines sont

parvenues à maturité ; alors les Indiens l'abattent et le mangent. Une fois séparé de la racine, il se conserve long-temps, sans que la fécule perde de ses qualités.

Sampang, arbre de deuxième grandeur, originaire des Philippines. Il donne un fruit assez gros, mais qui ne se mange pas. On retire de l'écorce un fil très-beau et d'une grande force. Du tronc il suinte un suc résineux qui produit un vernis superbe dont les Malais se servent pour enduire le fourreau de leurs cris. (*Graines.*)

SAPINDUS *maduriensis* Perr. Espèce nouvelle originaire des îles de Java et plus particulièrement de celle de Madura. Cet arbre, de quatrième grandeur, dont le tronc est couvert d'une écorce grisâtre, inégale et crevassée, a les feuilles alternes, pinnées avec impaires ; le pétiole commun est chargé d'un grand nombre de folioles ovales et entières. Les fleurs et les fruits naissent sur une panicule terminale, longue de 13 à 16 centimètres (5 à 6 pouces), quelquefois plus et assez ramifiée. Les fleurs sont blanches, petites, caduques ; les fruits, de la grosseur d'une noix sèche, sont parfaitement sphériques, à pulpe légèrement résineuse, un peu gluante et jaunâtre. Il est à remarquer que dans cette espèce sur trois ovaires agglomérés sur le même réceptacle, deux avortent toujours, ce qui se voit très-rarement dans le *Sapindus saponaria* L. Les indigènes de Madura recueillent avec soin le fruit pour blanchir le linge ; il est pour eux un objet de commerce très-productif ; deux ou trois drupes suffisent pour une quantité de linge considérable. C'est à cette propriété que l'on doit les plantations que l'on voit à Java, à Sourabaja et à Sumatra. Le bois de ce nouveau savonnier est blanc, d'un grain assez fin. L'arbre se plaît dans les terres légères.

Sawu. Arbre d'un très-beau port, assez semblable à l'acajou. Son bois, dont le grain est très-fin, est fréquemment employé à Java. (*Graines.*)

Sedogoeric. Espèce de malvacée de l'île de Java, dont la tige herbacée fournit une filasse propre à faire le fil à voile. (*Graines.*)

SIDA *rotundifolia* Perr. Espèce nouvelle de Java, que les Malais désignent sous le nom de *Yoplakan*. Ses feuilles sont rondes, velues et argentées. (*Graines.*)

SMILAX *species nova,* appelée par les Indiens *Macabujay*. De ses tiges sarmenteuses découle, lorsqu'on les coupe transversalement, un suc vert, âcre et très-amer, dont les naturels des îles Philippines font usage dans les cours de ventre, la dyssenterie, les coupures, les déchiremens de la peau. La plante croît naturellement partout; mais comme elle est de nature grasse et succulente, elle vient mieux dans un terrain sec et pierreux. Elle a besoin d'un tuteur. Un Espagnol a publié sur ce nouveau smilax un mémoire fort intéressant, où il ne le considère que sous le rapport médicinal. Il en fait un éloge des plus pompeux.

SPONDIAS *mombin*. Orginaire de la Guyane, ce grand arbre à tête diffuse et à feuilles pinnées avec impaires, porte des fruits de la grosseur à peu près de la mirabelle, mais ovales et plus allongés, sur une panicule terminale. A l'époque de la maturité, en mars et avril, ces fruits d'un beau jaune-orange, sont avidement recherchés; leur goût est légèrement acide;

on en fait des tisanes rafraîchissantes. Le mombin est très-commun aux environs de Cayenne et ne craint point l'humidité. P.

SPONDIAS *myrobalanus* des Antilles, cultivé à la Guyane. P.

S. *javanica* Perr. Espèce nouvelle de Java. M.

STERCULEA *fœtida*. Cette belle malvacée, l'un des plus grands arbres connus, se trouve dans les lieux élevés des îles Philippines; j'en ai surtout observé des tiges nombreuses à l'ouest de Cavitte, sur des montagnes où je n'ai pu résister au froid de la nuit sans allumer du feu. Le port du *Sterculea fœtida* est majestueux; son tronc, dont la grosseur étonne, est couronné par une grande quantité de fortes branches qui naissent à 6 mètres et demi (20 pieds) au-dessus du sol, et montent jusqu'à 26 et 32 mètres (80 à 100 pieds). Elles sont couvertes de feuilles alternes, digitées, à sept folioles au plus; ses fleurs ont une odeur insupportable; le fruit est composé de diverses capsules, formant par leur réunion un fruit à plusieurs sépales. Il se montre sur les grosses branches et les rameaux sans pédoncule apparent. Chaque capsule est une boîte péricarpienne, ligneuse, fort dure, presque réniforme; à l'époque de la maturité, elle s'ouvre en long en deux valves, dont le bord interne est garni de graines semblables, pour la forme et la grosseur, à un gland de chêne. Dépouillés de la lorique noire qui les enveloppe, ces graines sont bonnes à manger; leur goût est celui de l'amande. On en retire une huile excellente dont on se sert en médecine et pour les alimens. Elle est une branche de commerce très-importante à Manille.

(59)

STRYCHNOS *nux vomica,* arbrisseau de quatrième grandeur, originaire de Madagascar, croît abondamment dans les sables de Tamatave, où il se couvre tous les ans d'une grande quantité de fruits ronds, de la grosseur d'une orange et parfaitement sphériques. Le fruit renferme plusieurs graines osseuses, entourées d'une pulpe amère. Le port de la plante est élégant et des plus gracieux. C. P.

Svéroé. Arbre de seconde élévation, dont le bois est brun et sert aux ébénistes de Java à fabriquer des meubles. (*Graines.*) C. M.

SIDEROXYLON. J'ai rapporté de Mascareigne deux belles espèces de bois-de-fer, qui croissent abondamment dans les lieux élevés de cette île. Elles se font remarquer par leur prodigieuse élévation, la grosseur et la blancheur de leur tronc, ainsi que par la beauté de leur feuillage. C'est ce feuillage qui fait toute leur distinction : chez l'une il est petit et peu large, chez l'autre il est très-grand. Le bois-de-fer a le grain très-fin et d'une tenacité à toute épreuve ; on le recherche pour les constructions civiles et navales. C. P.

TABERNÆMONTANA. J'ai rapporté deux espèces nouvelles appartenant à ce genre, l'une que je nomme *semperflorens,* et l'autre *arborescens;* le premier je les ai introduites dans les colonies françaises de l'Afrique orientale et de l'Amérique méridionale. La hauteur moyenne du premier de ces deux arbustes est de 9 à 12 décimètres (3 à 4 pieds) ; ses fleurs sont blanches, monopétales et à tube légèrement contourné : elles naissent par paquets à la sommité des rameaux, et donnent à l'arbuste un aspect d'autant plus flatteur qu'il fleurit

abondamment toute l'année. Les fruits sont deux follicules écartés, réunis à leur base, divergens vers le
sommet, légèrement et fortement ridés. Ces follicules
contiennent, dans une pulpe jaunâtre, une grande
quantité de graines, presque anguleuses, ridées, qui
perdent en très-peu de temps leur faculté germinative.

Les feuilles sont opposées, elliptiques ou ovales, luisantes et à surface ondulée. Comme elles sont lates-
centes, les Indiens des Philippines s'en servent en décoction dans les dyssenteries et contre les morsures
des reptiles. L'arbrisseau croît partout en abondance,
que le terrain soit humide ou des plus secs.

L'espèce *arborescens* est remarquable par ses jets,
qui ont 4 mètres (12 pieds) d'élévation. Sa tête est diffuse et très-branchue.

Tacamaca. Espèce nouvelle de Manille. P.

TERMINALIA *benzoin*. C. P.

T. *catappa*. Badanier-amande de l'Inde, cultivé à la
Guyane. P.

T. *vernix*, appelé *Ignan* par les Malais. Arbre de
quatrième grandeur que l'on trouve dans les terres
fortes, marécageuses de Java. Son port est triste; ses
feuilles, d'un vert sombre, alternes, et tellement rapprochées qu'on les croirait verticillées, sont étroites,
lancéolées, presque semblables à celles du *Mangifera
indica*, légèrement ondulées sur les bords. Le vernis
que l'on retire de cette espèce de badanier est plus
brillant, il se sèche plus vite que celui fourni par l'*Augia sinensis*. Les Malais l'emploient pour leurs meubles et surtout pour leurs poignards qu'ils appellent
cris. M.

THEKA. J'ai rapporté de Java des graines de plusieurs espèces ou variétés de theka : le *Djati,* grand arbre à larges feuilles ; le *Sung-gu,* qui fournit le meilleur bois de construction, mais qui demande un siècle avant d'avoir atteint toute sa perfection ; et le *Soengoe,* dont on mange le fruit. (*Graines.*)

THEOBROMA *cacao* L. Cultivé à la Guyane et dans presque toutes les îles de la mer du Sud, où son fruit acquiert un volume considérable lorsqu'il est abrité par de grands arbres. Il aime une bonne terre forte, mais substantielle, plutôt sèche que trop humide. P.

TIBOUCHINA Aub., de la Guyane. P.

TOMEX *macrophyllus,* de Mascareigne. C. P.

Tromi des Javanais, arbrisseau qui m'a paru très-voisin de l'*Averrhoa.* Ses feuilles sont bijuguées, presque semblables à celles du courbaril, mais moins coriaces, moins épaisses, et point luisantes. Il porte des fleurs rose pâle, dont la forme et la grandeur rappellent celles de l'*Averrhoa acida;* elles tombent au plus léger attouchement, et lorsqu'on veut les voir donner du fruit, il faut entourer le pied d'un treillage. Ce fruit est réniforme, large, fortement comprimé, sans être pédonculé ; il s'ouvre en deux valves, à une seule loge, contenant une graine unique. On le mange cru ou cuit ; il a le goût de notre pomme de rainette et devient jaune en mûrissant. La graine qu'il contient est comprimée et pourvue de deux cotylédons verts sans périsperme. Elle germe aussitôt après la maturité du fruit. Le tromi est cultivé avec beaucoup de soin dans tous les jardins de Sourabaja ; il se plaît dans les terres plutôt consistantes que légères, et demande une humidité presque constante et un abri contre les rayons du soleil. C. M.

URTICA *tenacissima*. Les îles de Java possèdent une espèce d'ortie dont on retire une filasse aussi belle, aussi souple, que celle du chanvre, que l'on emploie à la fabrication des toiles et des cordages. On les estime beaucoup à cause de leur durée et de leur grande blancheur. Les fibres de la plante ont plus de tenacité que celles de nos espèces *nivea* et *divica*. Les Malais la nomment *Ramé*.

VAHEA *gummifera*. Espèce de liane ligneuse, assez grosse, indigène à l'île de Madagascar. L'écorce est noirâtre, et la tige couverte de feuilles opposées à plat, ovales et luisantes. Dans son jeune âge l'écorce est mince, plus tard elle est comme écailleuse. On retire de cette plante un suc résineux, qui, à l'air libre, prend la consistance de la gomme élastique; j'en ai extrait moi-même par incision longitudinale, en 1820, alors que je me trouvai à Tamatave, dont les sables ferrugineux des environs sont couverts de cette liane. La gomme élastique du vahé est la meilleure de toutes celles connues sous ce nom. C. P.

VEPRIS *inermis*, de Mascareigne. C. P.

VIROLA *sebifera*. Ce grand arbre, de la famille des laurinées (1), appelé par les indigènes de la Guyane *Yamadou*, porte des graines qui contiennent une substance dont on fait des chandelles. Il abonde dans les

---

(1) Il est bon d'observer ici que les personnes peu familiarisées avec les plantes prennent toujours les fruits des laurinées pour des glands de chênes, auxquels ils ressemblent beaucoup.

forêts voisines de Cayenne et se plaît dans les terres fortes, un peu humides et surtout très-substantielles. M. P.

WOUAPA *bifolia* Aub., de la Guyane. P.

Wugu ou *Kitangi*. Très-bel arbre de Java, surtout quand il est en fleurs, Son bois sert dans les constructions. (*Graines.*) G. M.

www.ingramcontent.com/pod-product-compliance
Ingram Content Group UK Ltd.
Pitfield, Milton Keynes, MK11 3LW, UK
UKHW020943120726
13693UKWH00004B/1504